气象装备运行保障综合分析评估

邵 楠 ○ 主编

气象出版社
China Meteorological Press

内容简介

本书总结了近年来全国主要气象装备的运行和保障工作,对天气雷达和自动站的故障维修、雷达备件消耗、观测站网布局、雷达站址净空环境和电磁环境等情况进行了分析评估,集中展现了全国气象装备运行与保障、观测站网布局及环境等工作的现代化进展。

本书可为各级气象观测业务人员开展保障策划、提高保障效能,为气象装备生产厂家提升服务水平、加快升级改造提供参考。

图书在版编目(CIP)数据

气象装备运行保障综合分析评估 / 邵楠主编. -- 北京:气象出版社, 2018. 9
ISBN 978-7-5029-6253-1

Ⅰ.①气… Ⅱ.①邵… Ⅲ.①气象观测—装备保障
Ⅳ.① P414

中国版本图书馆 CIP 数据核字 (2018) 第 222594 号

Qixiang Zhuangbei Yunxing Baozhang Zonghe Fenxi Pinggu

气象装备运行保障综合分析评估

邵 楠 主编

出版发行:	气象出版社			
地 址:	北京市海淀区中关村南大街 46 号		邮 编:	100081
电 话:	010-68407112(总编室) 010-68408042(发行部)			
网 址:	http://www.qxcbs.com		E-mail:	qxcbs@cma.gov.cn
责任编辑:	郭健华		终 审:	张 斌
责任校对:	王丽梅		责任技编:	赵相宁
封面设计:	楠竹文化			
印 刷:	中国电影出版社印刷厂			
开 本:	710 毫米 × 1000 毫米 1/16		印 张:	6
字 数:	118 千字			
版 次:	2018 年 9 月第 1 版		印 次:	2018 年 9 月第 1 次印刷
定 价:	50.00 元			

本书如存在文字不清、漏印以及缺页、倒页、脱页等,请与本社发行部联系调换。

编 委 会

主　编：邵　楠

副主编：曹婷婷

编　委：李斐斐　周　薇　徐鸣一　严国威
　　　　李　欣　沈　超　李　巍　秦世广
　　　　刘　洁　王箫鹏　胡学英　许崇海
　　　　郭　伟　韩　旭　王一萌　朱武杰

前　言

气象技术装备保障业务作为现代气象业务的重要组成部分，是观测系统稳定运行和观测数据质量保证的基础。按照《中国气象局关于加强气象观测技术装备保障业务发展的意见》的要求，到2020年，要建成功能完善、技术先进、规范标准的气象观测技术装备保障系统，建立布局合理、分工明确、运转流畅的气象观测技术装备保障业务体系，业务能力显著增强，业务水平显著提升。

为全面总结近年来的装备保障工作，搭建气象部门与公众之间的桥梁，中国气象局气象探测中心组织编制了这本《气象装备运行保障综合分析评估》，并首次面向社会公开发布。

本书以近年来气象部门的装备保障工作为主要内容，选取了近年来的业务数据进行系统评估，力求展现装备故障维修情况、雷达备件消耗情况、观测系统站网布局情况、雷达站址净空环境、雷达电磁环境等装备保障的主要工作成果，为各级气象观测业务人员开展保障策划、提高保障效能提供参考，为气象装备生产厂家提升服务水平、加快升级改造提供借鉴，同时也给广大公众了解装备保障的基本职责和现代化进展情况提供可靠和翔实的文本。

编　者

2018年5月

目 录

前言

第一篇　气象装备运行与保障评估

1　气象装备故障维修情况评估 …………………………… **3**

　1.1　雷达维修情况 ……………………………………………… 3
　　1.1.1　故障持续时间分析 ……………………………… 5
　　1.1.2　故障次数分析 …………………………………… 11
　　1.1.3　故障率 …………………………………………… 12
　　1.1.4　各级别故障维修情况 …………………………… 19
　　1.1.5　故障的季节分布情况 …………………………… 19
　　1.1.6　备件来源对故障持续时间的影响 ……………… 21
　　1.1.7　小结 ……………………………………………… 22
　1.2　自动站维修情况 …………………………………………… 23
　　1.2.1　故障持续时间分析 ……………………………… 23
　　1.2.2　故障次数分析 …………………………………… 24
　1.3　故障单填报中存在的问题 ………………………………… 28

2　雷达备件消耗评估 ………………………………………… **31**

　2.1　评估目的 …………………………………………………… 31
　2.2　评估范围和内容 …………………………………………… 31
　2.3　评估方法和数据来源 ……………………………………… 32

  2.3.1　分台站 …… 32
  2.3.2　分系统 …… 32
  2.3.3　分级别 …… 33
  2.3.4　备件消耗TOP10分析 …… 34
  2.3.5　数据来源 …… 34
 2.4　国家级备件情况分析 …… 34
  2.4.1　CINRAD/SA …… 35
  2.4.2　CINRAD/SB …… 37
  2.4.3　CINRAD/CB …… 39
  2.4.4　CINRAD/SC …… 41
  2.4.5　CINRAD/CD …… 43
  2.4.6　CINRAD/CC …… 45
 2.5　省级与台站级备件情况分析 …… 47
  2.5.1　CINRAD/SA …… 47
  2.5.2　CINRAD/SB …… 49
  2.5.3　CINRAD/CB …… 51
  2.5.4　CINRAD/SC …… 53
  2.5.5　CINRAD/CD …… 55
  2.5.6　CINRAD/CC …… 57

第二篇　观测站网布局及环境评估

3　观测系统站网布局情况 …… 63

 3.1　新一代天气雷达站 …… 63
 3.2　国家级台站自动气象站 …… 65
 3.3　高空气象观测站 …… 67
 3.4　雷电监测站 …… 70
 3.5　区域气象观测站 …… 72
 3.6　自动土壤水分观测站 …… 74

4 雷达站址净空环境评估 ·· 77

4.1 概述 ·· 77
4.2 评估标准 ·· 78
4.3 基础数据 ·· 79
    4.3.1 地形数据 ·· 79
    4.3.2 台站基础信息 ··· 79
4.4 评估分析方法 ··· 79
    4.4.1 评分计算 ·· 79
    4.4.2 净空环境数据获取 ······································ 81
4.5 评估结果 ·· 81
    4.5.1 结果分析 ·· 81
    4.5.2 建筑物遮挡 ·· 82

5 雷达电磁环境评估 ·· 83

5.1 电磁干扰统计分析 ·· 83
5.2 电磁干扰检测确认 ·· 84
5.3 消除干扰的建议措施 ·· 85

第一篇

气象装备运行与保障评估

1 气象装备故障维修情况评估

1.1 雷达维修情况

为深入了解全国新一代天气雷达的运行情况，寻找雷达运行保障及管理中存在的问题，提出有效的改进措施，为装备质量管理体系建设提供支撑，对 2010 年 12 月 1 日至 2017 年 12 月 24 日（以下简称"分析时段"）雷达的故障情况进行了详细分析（以 ASOM 系统填报的故障维修单为准，以下数据都源自 ASOM 系统），具体如下。

分析时段内全国雷达共发生故障 4540 次，其中持续时间超过 72 小时的故障有 246 次，最长单次故障持续时间为 2496 小时。表 1.1 为各年度全国业务运行新一代天气雷达数量。从图 1.1 可以看出，全国雷达故障持续总时间和故障数量分别从 2011 年和 2012 年起呈现逐年下降趋势；从图 1.2 中亦得到相同的结论。

表 1.1 全国业务运行新一代天气雷达数量

年份	2011	2012	2013	2014	2015	2016	2017
雷达数量	137	143	159	171	180	189	191

图 1.1　新一代天气雷达故障持续总时间和数量年度分布

▶ 图 1.1 数据来源：ASOM 导出故障单，经对诊断、维修、等专家、等备件 4 个环节进行大量校对，按全天观测方式，将雷达持续总时间和故障总次数进行年度统计。

图 1.2　单部新一代天气雷达平均故障持续时间和数量年度分布

1.1.1 故障持续时间分析

按故障持续时间统计，约 81.91% 的新一代天气雷达故障可在 24 小时内修复，11.71% 的新一代天气雷达故障可在 24 小时至 72 小时修复，仅 6.38% 的新一代天气雷达故障超过 72 小时才修复，如表 1.2 所示。

表 1.2　新一代天气雷达故障持续时长出现比例（按年度）

年度	雷达故障持续时间（小时）			
	0～24	24～48	48～72	≥72
2011	71.15%	5.77%	4.81%	18.27%
2012	84.83%	7.21%	4.10%	3.86%
2013	84.10%	7.38%	3.69%	4.83%
2014	79.48%	10.69%	4.49%	5.34%
2015	84.03%	7.51%	3.51%	4.95%
2016	87.31%	6.22%	3.73%	2.74%
2017	82.48%	9.00%	3.85%	4.67%
平均	81.91%	7.68%	4.03%	6.38%

▶ 表 1.2 数据来源：ASOM 导出故障单，按年度统计雷达故障时长出现比例。

为了研究不同程度雷达故障的情况，根据故障持续时间将雷达故障划分为特大故障（故障持续时间大于等于 360 小时）、大型故障（故障持续时间大于等于 72 小时而小于 360 小时）、中型故障（故障持续时间大于等于 24 小时而小于 72 小时）和小型故障（故障持续时间小于 24 小时）。

1.1.1.1　特大故障分析

分析时段内，全国雷达共发生特大故障 7 次，对全国雷达的业务可用性和平均无故障工作时间两项指标均产生了较大影响，具体情况如表 1.3 所示。

表 1.3 分析时段内特大故障详情表

序号	省份	站号	站名	设备型号	分系统	部件名称	故障开始时间	故障持续时间（小时）	等专家时间（小时）	等备件时间（小时）	诊断维修时间（小时）	拷机时间（小时）	备注
1	广西	Z9776	百色	SB	伺服系统	伺服系统	2012-10-23 09:00:00	2496	125	1776	512	83	所需备件轴承无备份，厂家现生产，故等备件时间较长
2	西藏	Z9891	拉萨	CD	附属设备	UPS	2013-11-08 12:00:00	1054	0	1054	0	0	UPS损坏
3	福建	Z9599	建阳	SA	发射系统	发射机	2010-12-24 11:26:00	800	23	45	684	48	进行发射机整机维修并重新布线
4	安徽	Z9558	阜阳	SA	伺服系统	天线天线座	2011-02-08 09:34:00	530	维修活动中有等专家和等备件的描述，但是无法获得具体时间				其间24—28日因人工降雨服务，雷达恢复运行暂时工作
5	海南	Z9071	西沙	SC	伺服系统	伺服机柜	2013-12-13 09:12:00	480	维修活动中有等专家和等备件的描述，但是无法获得具体时间				因交通方式特殊，需乘船期，耽误一定时间
6	湖南	Z9731	长沙	SA	发射系统	3A12调制器	2012-04-18 19:10:00	428	60	0	368	0	
7	四川	Z9280	成都	SC	附属设备	天线罩	2012-08-02 14:20:00	378	0	0	378	0	更换天线罩

▶ 表 1.3 数据来源：ASOM 系统故障持续时间大于 360 小时的故障单。

由表 1.3 可以看出：

（1）7 次故障中有 2 次等备件时间较长，其中百色雷达故障因厂家无备件（轴承）需要专门生产，致使等备件时间长达 74 天；拉萨雷达故障也是因为无备件（UPS），等待时间长约 44 天。

（2）7 次故障中有 4 次（百色、建阳、长沙和成都雷达故障）维修过程复杂，诊断维修时间较长。

（3）7 次故障中有 2 次（阜阳和西沙雷达故障）维修活动中有等专家和等备件的描述，但是无法获取具体时间，且维修过程略有延误。

1.1.1.2 大型故障分析

分析时段内，全国雷达共发生大型故障 237 次。

由于故障单对维修活动描述差别很大，部分台站将等备件或等专家的过程也列为诊断或维修的过程，致使系统自动统计的等专家时间、等备件时间与实际出入很大，所以选用人工方法对这 237 次故障进行逐个审查分析，得出结果如图 1.3 所示。

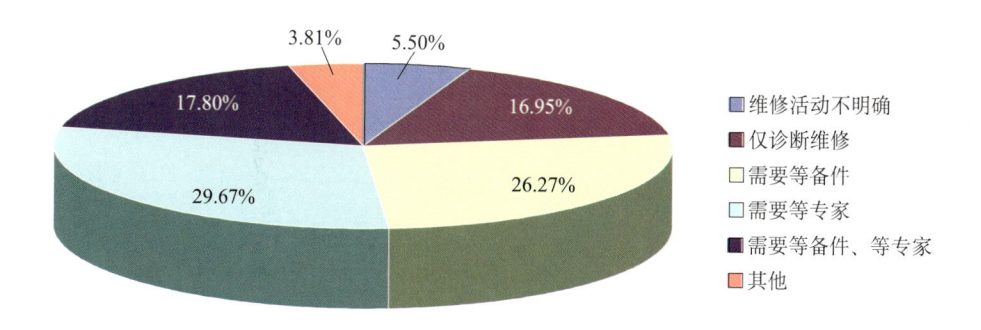

图 1.3 大型故障维修情况分布

- 维修活动不明确 5.50%
- 仅诊断维修 16.95%
- 需要等备件 26.27%
- 需要等专家 29.67%
- 需要等备件、等专家 17.80%
- 其他 3.81%

▶ 图 1.3 数据来源：对故障持续时间大于等于 72 小时且小于 360 小时的 237 个故障单的内容进行人工审查分析，判断是否等备件或等专家。

237次故障中共有62次故障单有等备件的描述，有70次故障有等专家的描述，有42次故障有等备件和等专家的描述，有12次故障维修活动描述不明确，有9次故障属于特殊情况（如断电、光纤被挖断、空调损坏无备件、天线除锈、天线罩渗漏维护或故障单填写错误等），仅有41次故障只有诊断维修的描述。总之，在分析时段内的大型故障维修活动中，有至少26.27%的故障在维修中需要等备件，有至少29.66%的故障在维修中需要等专家，有约17.8%的故障在维修中需要等专家和等备件，其中有一部分为专家携备件一起到站。

由于故障单中对于等专家和等备件的描述不够详细，所以不能统计出全部故障中等专家和等备件的时间在整个故障持续时间中的比例，下面以能计算出确切时间的故障为例来进行分析，仅供参考。

在需要等备件的62例故障中，有11例故障能准确计算等备件所占的具体时间，如表1.4所示。

表1.4 大型故障等备件时间比例

故障序号	故障持续总时间（小时）	等备件时间（小时）	等备件时间在整个故障持续时间中的比例
1	259.8	257.0	98.92%
2	221.5	221.0	99.77%
3	121.8	34.0	27.91%
4	79.0	48.0	60.76%
5	78.8	18.0	22.84%
6	77.3	70.0	90.56%
7	77.8	47.5	61.05%
8	308.7	210.0	68.03%

续表

故障序号	故障持续总时间（小时）	等备件时间（小时）	等备件时间在整个故障持续时间中的比例
9	213.2	23.5	11.02%
10	79.2	56.5	71.34%
11	121.0	9.0	7.44%
平均	137.9	90.4	65.56%

在需要等专家的70例故障中，仅有7例故障能准确计算等专家所占的具体时间，如表1.5所示。

表1.5 大型故障等专家时间比例

故障序号	故障持续总时间（小时）	等专家时间（小时）	等专家时间在整个故障持续时间中的比例
1	128.6	50.0	38.89%
2	126.8	101.0	79.64%
3	99.5	44.0	44.22%
4	104.8	3.5	3.34%
5	84.3	28.0	33.21%
6	157.8	24.5	15.53%
7	76.5	39.5	51.63%
平均	111.2	41.5	37.32%

在需要等专家和等备件的44例故障中，仅有5例故障能准确计算等专家与等备件所占的具体时间，如表1.6所示。

表 1.6 大型故障等专家等备件时间比例

故障序号	故障持续总时间（小时）	等专家时间（小时）	等备件时间（小时）	等专家时间在整个故障持续时间中的比例	等备件时间在整个故障持续时间中的比例
1	241.8	43.0	150.0	17.79%	62.05%
2	208.3	97.0	26.0	46.56%	12.48%
3	173.6	22.0	48.0	12.67%	27.65%
4	128.8	47.0	75.0	36.50%	58.25%
5	79.8	8.0	24.0	10.02%	30.06%
平均	166.5	43.4	64.6	24.71%	38.10%

▶ 表 1.4、表 1.5、表 1.6 数据来源：对故障持续时间大于等于 72 小时且小于 360 小时的 182 个故障单的维修活动进行人工审查分析，挑选出有确切时间记录的故障进行统计。

1.1.1.3 中小型故障分析

分析时段内，全国雷达共发生中型故障 547 次，发生小型故障 3747 次。

使用"空运""邮寄""寄出""无此备件""等待备件"等关键词对维修活动进行检索，统计出需要等备件的故障；使用"省级维修人员""等待省局派人""厂商""等待厂家派人""人员到站"等关键词对维修活动进行检索，统计出需要等专家的故障；使用上述关键词进行综合检索，统计出同时需要等专家和等备件的故障。统计结果是，中型故障中有约 27.61% 需要等专家，约 20.48% 需要等备件，约 3.66% 需要等专家和等备件；小型故障中有约 5.15% 需要等专家，2.80% 需要等备件。

综上所述，故障持续时间越长，需要等专家或等备件的故障比例越高，具体如表 1.7 所示，这说明等备件和等专家一定程度上增加了故障持续时间，尤其是中型以上故障。

表 1.7　各类故障维修分布情况

故障级别	故障总次数	需等专家的故障次数	需等备件的故障次数	需等专家等备件的故障次数	其他	需等专家的故障比例	需等备件的故障比例	需等专家等备件的故障比例	其他
特大故障	9	2	2	3	2	22.22%	22.22%	33.34%	22.22%
大型故障	237	70	62	42	63	29.54%	26.16%	17.72%	26.58%
中型故障	547	151	112	20	264	27.61%	20.48%	3.66%	48.25%
小型故障	3747	193	105	3	3446	5.15%	2.80%	0	92.05%

1.1.2　故障次数分析

雷达故障次数和雷达平均无故障工作时间密切相关（如图 1.4 所示），所以要想提高雷达平均无故障工作时间，降低雷达故障次数是一个有效的办法。

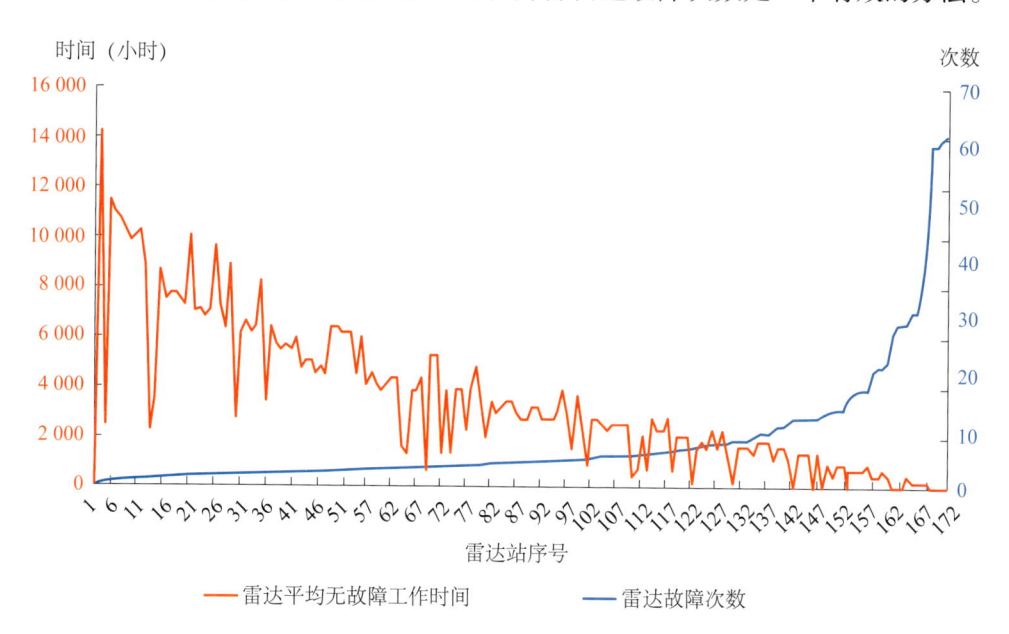

图 1.4　分析时段内雷达平均无故障工作时间与雷达故障次数相关图

▶ 图 1.4 数据来源：ASOM 系统雷达平均无故障工作时间和雷达故障次数的按站统计，其中雷达平均无故障工作时间用红色标示，雷达故障次数用蓝色标示。

通过对分析时段内雷达故障的分析,发现有部分故障可以通过重启雷达、相应软件或设备解决问题,尤其是雷达终端系统故障,重启能解决超过67%的问题,具体如表1.8所示。

表1.8 分析时段各分系统故障次数

分析类型 \ 分系统	电源系统	发射系统	附属设备	监控系统	接收系统	伺服系统	天馈线系统	通讯系统	终端系统	信号处理系统	合计
总故障次数	199	1144	339	139	271	885	393	527	171	272	4340
重启可修复的故障次数	14	110	41	36	22	145	57	70	115	56	666
重启修复故障比例(%)	7.04	9.62	12.09	25.90	8.12	16.38	14.50	13.28	67.25	20.59	15.35

▶ 表1.8数据来源:使用关键词"重启"检索各分系统维修活动中进行过重启修复的故障次数。

因此,在汛期雷达维护时应注意关注雷达各系统的软件运行状态,以便及时重启;在非汛期雷达非观测时段,相关计算机和软件也应关闭,从而有效减少故障次数。

此外,在填报故障单时,如果在较短时间内同一故障反复发生,应该只填一个故障单。

1.1.3 故障率

2017年全国新一代天气雷达各分系统故障中,发射系统占比较高,为19%,其次为终端系统,占14%,如图1.5所示。

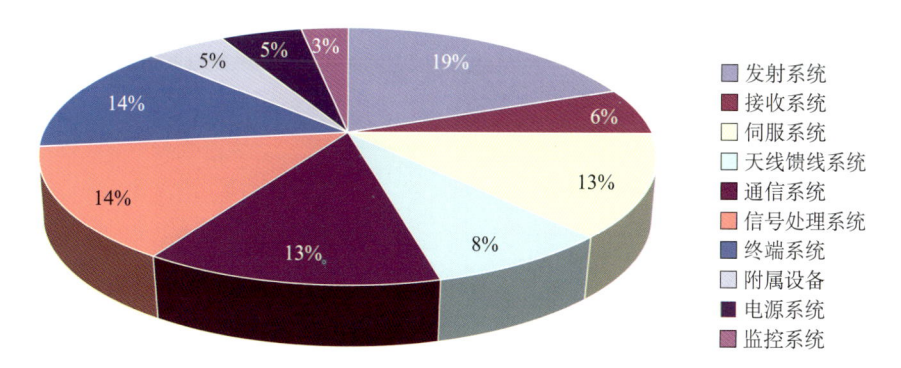

1　气象装备故障维修情况评估　13

图 1.5　2017 年全国新一代天气雷达各分系统故障率

各型号新一代天气雷达各部件故障率如图 1.6 所示。

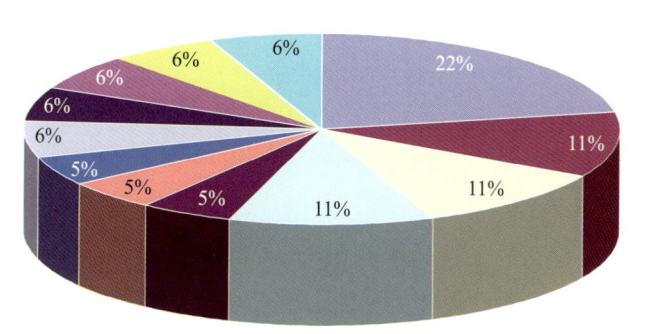

2017年CB型号新一代天气雷达各部件故障率

- RDA计算机
- PUP计算机
- 灯丝电源
- 汇流环
- 5W631电缆
- 发射机柜
- 供电异常
- 控制接口
- 伺服机柜
- 天线系统
- 天线座
- 整流组件

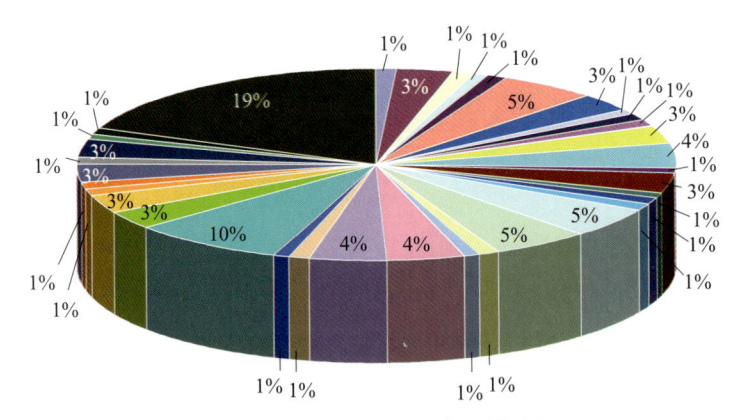

2017年CC型号新一代天气雷达各部件故障率

- C频标
- IGBT
- MDSP
- PCI数据采集卡
- VCO变频综合
- 磁场电源
- 灯丝电源
- 低压电源模块
- 方位驱动器
- 俯仰电机
- 高压电源
- 固态放大器
- 回扫充电变压器
- 汇流环
- 混频器
- 计算机
- 可控硅风机
- 空气开关
- 空调
- 冷却风机
- 脉冲旁路单元
- 配电箱
- 频标综合
- 频率源分机
- 时序
- 伺服分机
- 伺服控制
- 速调管
- 钛泵电源
- 钛泵电源板
- 网络交换机
- 稳压电源
- 信号处理分机
- 终端计算机
- 轴流风机

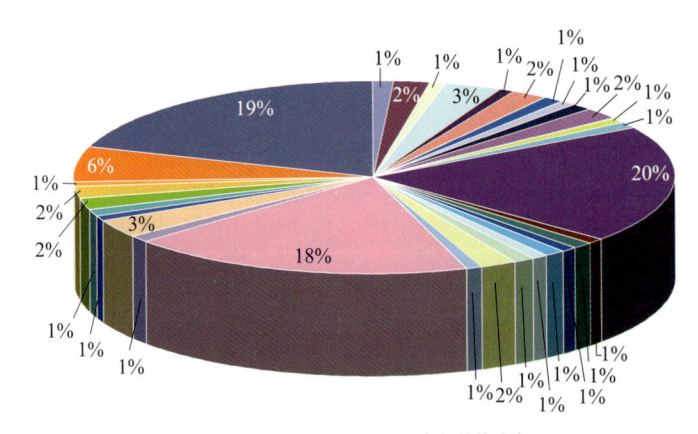

2017年CD型号新一代天气雷达各部件故障率

- FTP传输软件
- PUP计算机
- RPG计算机
- RVP7信号处理器
- UPS电源
- 充电控制分机
- 传输软件
- 低噪声放大器
- 电源分机
- 发射监控分机
- 俯仰伺服放大器
- 航警灯
- 监控与数据采集分机
- 可控硅调制分机
- 空气开关
- 离心风机
- 脉冲变压器
- 脉冲调制器
- 门开关
- 频率源
- 前置中频放大器
- 实时处理计算机
- 伺服电机电缆
- 伺服分机
- 伺服驱动单元
- 速调管
- 钛泵电源
- 调制器
- 通信光缆
- 网络路由器
- 信号处理器

1 气象装备故障维修情况评估

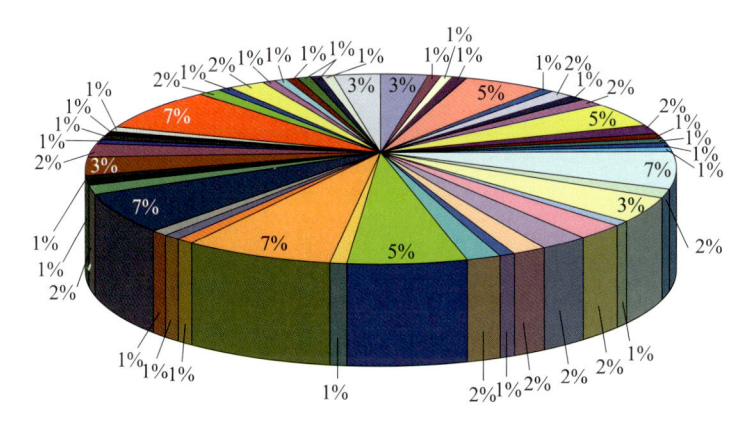

2017年SA型号新一代天气雷达各部件故障率

- RDA监控设备
- +15V电源
- +28V电源
- +40V电源
- 3A10开关组件
- 3A11触发器
- 3A12调制器
- 3A3A1发射机主控板
- 3A8后充电校平
- 3PS1灯丝电源
- 3PS8钛泵电源
- 4A52
- 5A18
- DAU
- DCU数字板
- RDASC计算机
- RPG计算机
- UPS
- 保护器驱动模块
- 报警行程开关
- 波导开关
- 磁场电源
- 灯丝电源
- 发射柜
- 方位电机
- 风机
- 俯仰电机
- 俯仰功放
- 光电码盘
- 滑环
- 汇流环
- 接收机保护器
- 接收机接口板
- 聚焦线圈风机M2
- 空调
- 空压机
- 馈源罩
- 频率源（固定频率）
- 频率源（可变频率）
- 上光纤板
- 伺服控制
- 速调管
- 速调管风机M3
- 同步箱
- 温度传感器
- 无源限幅器
- 下光纤线路板
- 信号处理器
- 油位传感器
- 整流组件
- 轴角盒

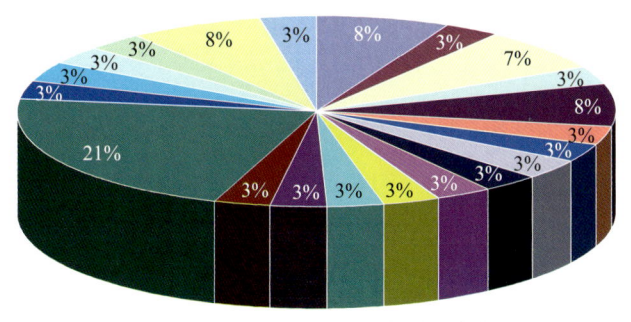

2017年SB型号新一代天气雷达各部件故障率

- 3A2整流组件
- 3A3A1发射机主控板
- PUP计算机
- RDA计算机
- RPG计算机
- UPS
- 波导开关
- 灯丝电源
- 灯丝电源控制板
- 发射机风扇
- 方位电机
- 方位伺服控制器
- 光纤链路
- 汇流环
- 开关组件
- 伺服机柜
- 钛泵电源
- 网络问题
- 信号处理器
- 仰角伺服控制器

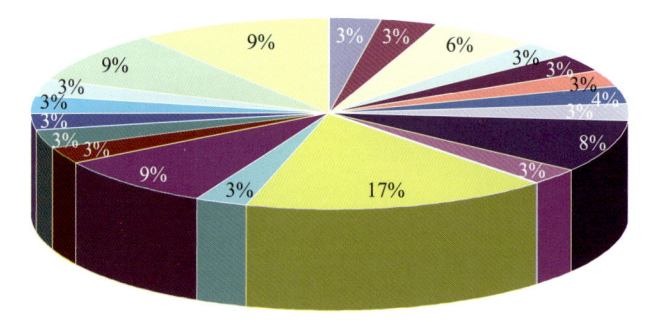

2017年SC型号新一代天气雷达各部件故障率

- −600V电源
- 监控与数据采集分机
- PUP计算机
- 交流接触器
- 磁场电源分机
- 离心风机
- 发射监控分机
- 数字中频转换器
- 方位驱动分机
- 伺服电源分机
- 方位伺服放大器
- 伺服分机
- 方位自整角机
- 速调管
- 风压开关
- 钛泵电源
- 俯仰驱动分机
- 网络路由器
- 功率电源
- 信号处理器

图1.6 各型号新一代天气雷达各部件故障率

从图1.6可以看出：

（1）敏视达公司生产的SA型号雷达，数字控制单元故障率较高，为7.81%，其次为俯仰电机，故障率为7.03%；SB型号雷达，汇流环故障率最高，为20.69%；CB型号雷达，RDA计算机故障率最高，为22.22%；CA型号雷达数量较少，不予统计分析。

（2）784厂生产的SC型号雷达，监控与数据采集分机故障率较高，为17.14%，其次为信号处理器，为11.43%；CD型号雷达，信号处理器故障率较高，为20.37%，其次为监控与数据采集分机和实时处理计算机，故障率分别为19.75%和18.52%。

（3）四创公司生产的CC型号雷达，综合分机的故障率最高，为18.18%，其次为伺服分机，故障率为7.79%。

全国各型号天气雷达部件故障率排名如表1.9至表1.14所示。

表 1.9 敏视达公司 CB 型号雷达部件故障率 TOP4

序号	故障部件	故障率
1	RDA计算机	22.22%
2	PUP计算机	11.11%
3	灯丝电源	11.11%
4	汇流环	11.11%

表 1.10 敏视达公司 SB 型号雷达故障率 TOP5

序号	故障部件	故障率
1	汇流环	20.69%
2	3A2整流组件	6.90%
3	PUP计算机	6.90%
4	RPG计算机	6.90%
5	信号处理器	6.90%

表 1.11 敏视达公司 SA 型号雷达故障率 TOP11

序号	故障部件	故障率
1	数字控制单元	7.81%
2	俯仰电机	7.03%
3	RDASC计算机	6.25%
4	汇流环	6.25%
5	3A10开关组件	5.47%
6	方位电机	5.47%
7	3PS1灯丝电源	4.69%
8	UPS	3.91%
9	RDA监控设备	3.13%
10	空调	3.13%
11	轴角盒	3.13%

表 1.12　784 厂 SC 型号雷达故障率 TOP5

序号	故障部件	故障率
1	监控与数据采集分机	17.14%
2	信号处理器	11.43%
3	俯仰驱动分机	8.57%
4	离心风机	8.57%
5	网络路由器	8.57%

表 1.13　784 厂 CD 型号雷达故障率 TOP12

序号	故障部件	故障率
1	信号处理器	20.37%
2	监控与数据采集分机	19.75%
3	实时处理计算机	18.52%
4	网络路由器	6.17%
5	RVP7信号处理器	3.09%
6	伺服分机	3.09%
7	PUP计算机	2.47%
8	发射监控分机	2.47%
9	调制器	2.47%
10	充电控制分机	1.85%
11	频率源	1.85%
12	钛泵电源	1.85%

表 1.14　四创公司 CC 型号雷达故障率 TOP5

序号	故障部件	故障率
1	综合分机	18.18%
2	伺服分机	7.79%
3	磁场电源	5.19%
4	空气开关	5.19%
5	空调	5.19%

1.1.4 各级别故障维修情况

从表1.15可看出，雷达台站这个级别承担故障诊断和维修环节总数占比较高，分别约占85.69%和73.66%，但主要为中小型故障，如重启、通信故障等；其他大型或特大故障为国家级或厂级维修。

表1.15 故障维修单中维修级别与维修环节出现次数

维修级别 \ 维修环节	诊断	维修
厂商	109	260
国家	4	9
省	148	208
市	50	196
台站	1862	1882
合计	2173	2555

▶ 表1.15数据来源：ASOM导出故障单，统计故障维修级别与维修环节出现次数分布。方法：在单次维修故障单中，将其维修活动按5种维修级别和2种维修环节分类，当出现1次及以上时记为1次；汇总所有故障如表1.15所示。

1.1.5 故障的季节分布情况

图1.7是雷达故障次数和故障持续时间的逐月分布，由图可见，故障次数在汛期增多，但是故障持续时间在汛期减少，汛期过后明显增多。相应地，雷达平均无故障工作时间在汛期阶段明显高于其他时段，如图1.8所示。由此可见，由于各级管理和保障部门的重视，汛期加强管理，使得汛期故障的维修时间明显缩短，此外，汛前巡检工作也有效降低了汛期大型故障的发生率。

图 1.7　故障次数和故障持续时间的逐月分布

▶ 图 1.7 数据来源：从故障单中提取故障开始时间，根据月份统计故障次数和故障持续时间。

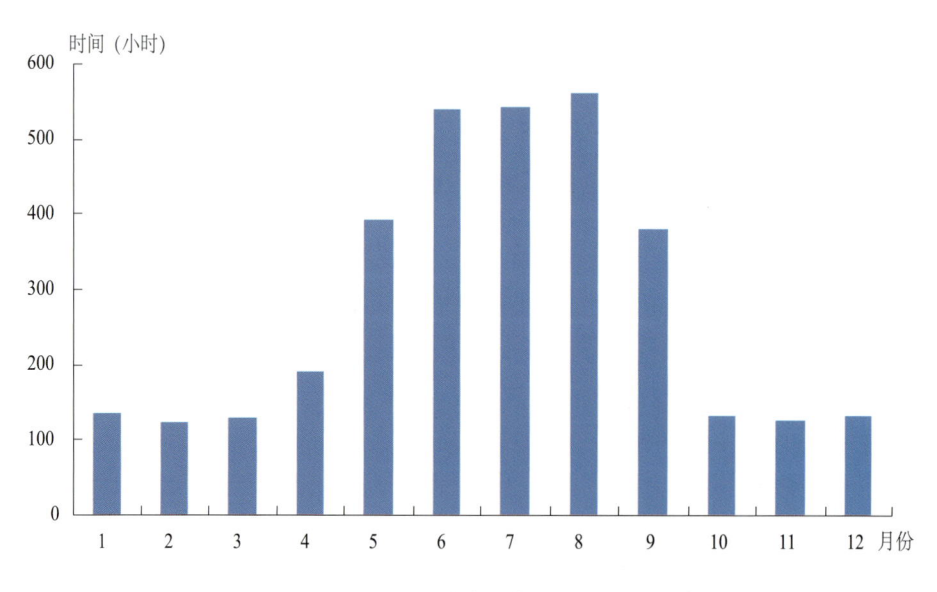

图 1.8　雷达平均无故障工作时间按月份分布

▶ 图 1.8 数据来源：ASOM 评估结果——雷达逐月平均无故障工作时间，连续评估近 7 年月均雷达平均无故障工作时间。

表 1.16 为 2015 年 9 月至 2017 年 12 月（2015-09-01—2017-12-24）各月故障时间总和及对应故障次数。

表 1.16　2015 年 9 月至 2017 年 12 月各月故障时间总和

月份	1	2	3	4	5	6	7	8	9	10	11	12
故障时间总和（小时）	470	228	526	1457	1519	1344	1287	1076	2362	1771	1857	1556
故障次数	32	32	29	59	94	128	155	141	176	111	113	101

1.1.6　备件来源对故障持续时间的影响

在 3369 次故障中，填有换件记录的故障共有 247 次，根据来源不同（可分为本站备份、省级备份、国家级备份和厂存/厂借），故障持续时间略有不同，具体如图 1.9 所示。

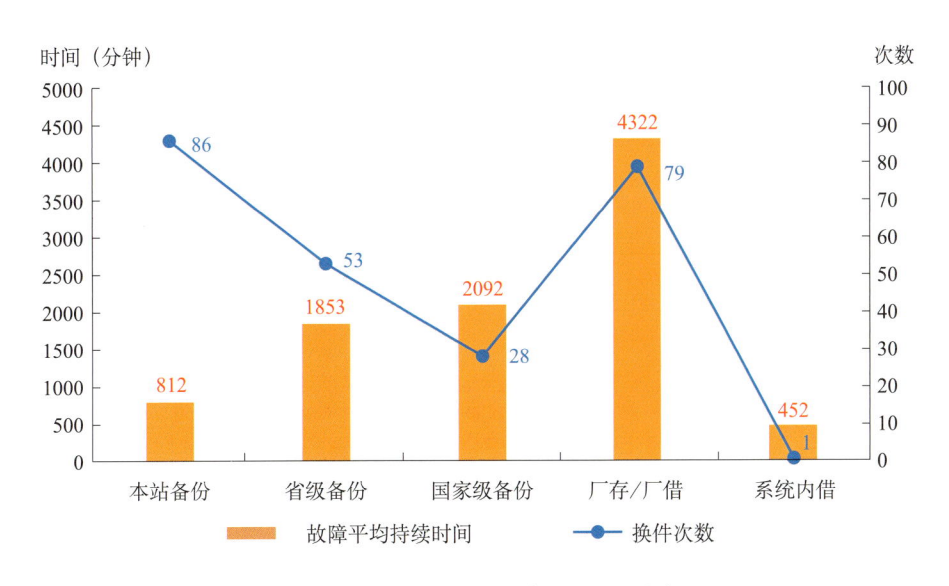

图 1.9　备件来源及对应故障持续时间分布图

▶ 图 1.9 数据来源：ASOM 系统中有备件记录的故障单，然后根据换下的备件来源归类统计，有多个换件记录的以最高的备件来源归类，如某次故障中同时更换了本站备份、省级备份和厂存的备件，则该次故障换件来源归为厂存。

1.1.7 小结

（1）在中大型故障中，维修依赖厂家的比例高达53.63%，并且由于等厂家技术人员的时间一般和中大型故障的维修时间比例相当，因此，提高远程技术支持能力，快速对故障定位是提高中大型故障维修水平、降低故障持续时间的有效方法之一。建议措施：加强远程技术支持能力，加强本地更换及维修能力。

（2）等备件时间在故障持续时间中占很大比例，因此，降低故障持续时间需要进一步增强备件的储备和调拨能力。建议措施：健全备件仓储体系，完善备件储备结构，实现备件存储区域共享，努力实现高效调拨。

（3）在维修活动记录超过3次的雷达故障中，约有15%的故障存在诊断—维修—再诊断的情况，维修过程中故障定位不准，导致故障持续时间延长。建议措施：加强故障知识库建设，提高雷达故障维修能力。

（4）有效的维护和巡检能降低雷达故障率，因此，各级雷达管理和保障部门应重视雷达常规维护，尤其是年维护，注重激发保障人员的主观能动性。

（5）统计显示，非汛期雷达故障持续时间明显高于汛期，与全年均值相比，在主汛期，等备件、等专家、维修、诊断这4个维修活动环节的平均时间分别缩短约47.32%、28.26%、23.36%和9.00%。建议措施：加强非汛期雷达运行管理。

（6）故障单填报：加强管理，增加省级故障单审核环节；优化故障单设计；完善相应的填报规范，如拷机时间是否纳入故障持续时间、维修过程填写必须连续等；考虑将部分亟须完善的项目（如及时更新维修活动记录，按时间顺序排列多条记录；故障部件应与故障分系统对应；换件记录应明确等）纳入错情统计范畴；提高对维保业务评估的科学性，督促维保能力的提升。

1.2 自动站维修情况

2015年12月1日至2017年11月30日期间全国自动站共发生故障5326次（以ASOM系统填报的故障维修单为准，以下数据都源自ASOM系统），其中故障持续时间超过72小时的故障有135次，最长单次故障持续时间为1792小时。表1.17为各年度全国业务运行自动站数量与故障情况。

表1.17　全国业务运行国家级台站自动气象站数量与故障情况

年份	2016	2017
业务考核自动站数量	2412	2412
故障总次数	2722	2604
故障持续总时间（小时）	32233	32595

1.2.1　故障持续时间分析

按故障持续时间统计，约89.90%的自动站故障可在24小时内修复，7.53%的自动站故障可在24小时至72小时修复，仅2.53%的自动站故障超过72小时才修复，如表1.18所示。表1.19为2017年故障持续时间最长的10个站故障情况。

表1.18　国家级台站自动气象站故障持续时长出现比例（按年度）

年度	自动站故障持续时间（小时）			
	0~24	24~48	48~72	72以上
2016	89.76%	5.95%	1.57%	2.72%
2017	90.05%	5.68%	1.88%	2.39%
平均	89.91%	5.82%	1.72%	2.55%

表 1.19 2017 年故障持续时间站点 TOP10

排名	设备型号	厂家	故障部件	故障持续时间（小时）	问题描述
1	DZZ5	华云升达（北京）气象科技有限责任公司	供电设备	1792.0	电源控制器故障导致数据无法传输至主采集器
2	DZZ4	江苏省无线电科学研究所有限公司	软件问题	979.7	SMO软件升级后间歇性不采集数据
3	DZZ4	江苏省无线电科学研究所有限公司	采集器	962.9	备份站温度值偏高，经厂家技术人员检查确定采集器故障
4	DZZ5	华云升达（北京）气象科技有限责任公司	能见度传感器	731.3	因交流供电问题导致能见度数据缺测
5	DZZ5	华云升达（北京）气象科技有限责任公司	采集器	537.9	采集器故障，导致新型站无法正常运行
6	DZZ6	中环天仪（天津）气象仪器有限公司	通信传输设备	370.3	报文上传超时或异常
7	DZZ4	江苏省无线电科学研究所有限公司	通信传输设备	337.4	串口服务器出现故障
8	DZZ5	华云升达（北京）气象科技有限责任公司	通信传输设备	292.7	通信线路不通
9	DZZ6	中环天仪（天津）气象仪器有限公司	雨量传感器	287.3	称重式雨量传感器出现降水量跳变，台站人员将故障设备返厂维修
10	DZZ5	华云升达（北京）气象科技有限责任公司	蒸发传感器	260.2	传感器信号线不匹配，导致无法接入采集器

1.2.2 故障次数分析

故障次数最多的部件为采集器和通信传输设备，其次是低温传感器和供电设备，如表 1.20 所示。

表 1.20 2016—2017 年国家级台站自动气象站部件故障次数

各年度故障次数	采集器	变送器	地温传感器	草温传感器	风向风速传感器	气温传感器	气压传感器	湿度传感器	雨量传感器	蒸发传感器	辐射变送器	能见度传感器	综合集成硬件控制器	串口隔离器	附属设备	供电设备	通信传输设备	业务终端设备	软件问题
2016	739	34	361	0	145	83	26	70	91	43	2	221	0	0	98	326	313	99	71
2017	512	10	252	1	243	32	26	50	97	47	4	254	5	1	99	232	517	111	111
合计	1251	44	613	1	388	115	52	120	188	90	6	475	5	1	197	558	830	210	182

故障率较高的为采集器和通信传输设备，故障率分别为 19.66% 和 19.85%，其次为能见度传感器和风向风速传感器，故障率分别为 9.75% 和 9.33%，如图 1.10 所示。

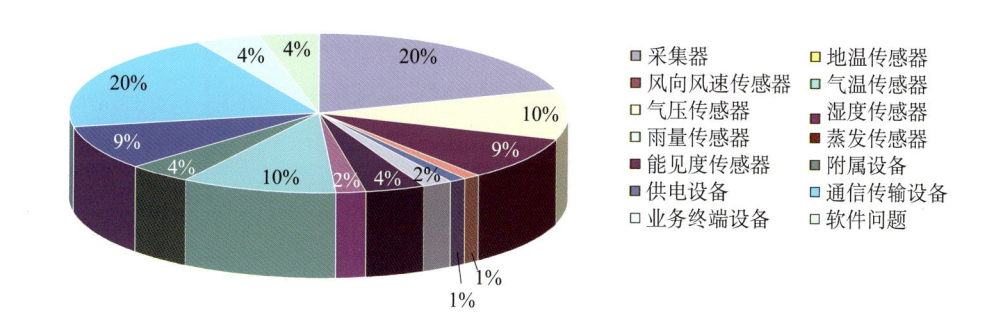

图 1.10 2017 年国家级台站自动站部件故障率

DZZ1-2、DZZ3 和 DZZ4 型自动站故障率较高的均为能见度传感器和通信传输设备，故障率均稳定在 20%～30%；DZZ5 型自动站故障率较高的为采集器和通信传输设备，故障率为 26% 和 19%；DZZ6 型自动站故障率较高的为采集器和风向风速传感器，故障率分别为 26% 和 18%；CAW3000、CAW600、HY3000 和 ZQZ-C Ⅱ 型自动站总体故障较少。如图 1.11 所示。

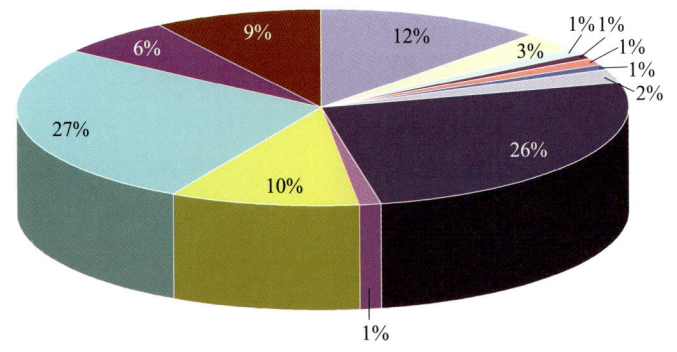

2017年DZZ1-2型国家级台站自动站故障分布

- 采集器
- 地温传感器
- 风向风速传感器
- 气压传感器
- 湿度传感器
- 雨量传感器
- 蒸发传感器
- 能见度传感器
- 附属设备
- 供电设备
- 通信传输设备
- 业务终端设备
- 软件问题

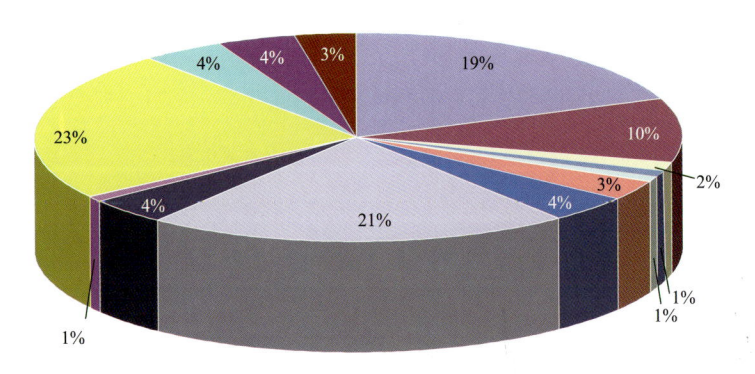

2017年DZZ3型国家级台站自动站故障分布

- 采集器
- 地温传感器
- 风向风速传感器
- 气温传感器
- 湿度传感器
- 雨量传感器
- 蒸发传感器
- 能见度传感器
- 附属设备
- 供电设备
- 通信传输设备
- 业务终端设备
- 软件问题
- 综合集成硬件控制器

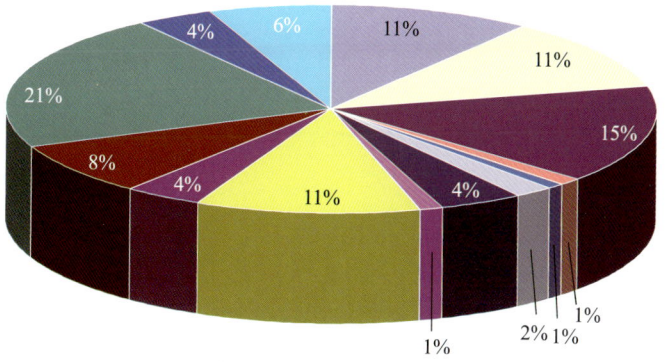

1 气象装备故障维修情况评估   27

2017年DZZ4型国家级台站自动站故障分布

- 采集器
- 地温传感器
- 风向风速传感器
- 气温传感器
- 气压传感器
- 湿度传感器
- 雨量传感器
- 蒸发传感器
- 能见度传感器
- 附属设备
- 供电设备
- 通信传输设备
- 业务终端设备
- 软件问题

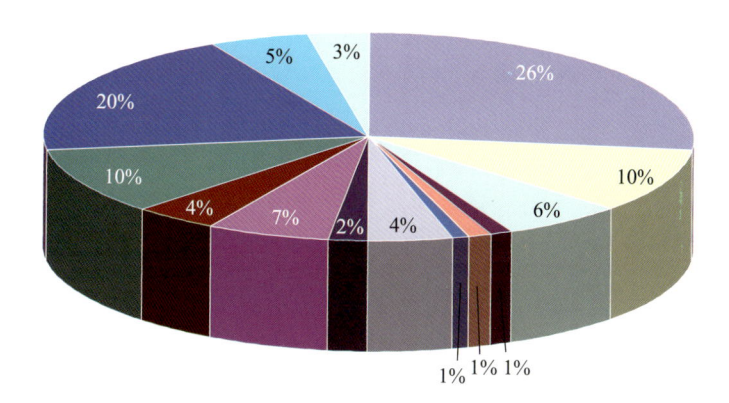

2017年DZZ5型国家级台站自动站故障分布

- 采集器
- 地温传感器
- 风向风速传感器
- 气温传感器
- 气压传感器
- 湿度传感器
- 雨量传感器
- 蒸发传感器
- 能见度传感器
- 附属设备
- 供电设备
- 通信传输设备
- 业务终端设备
- 软件问题

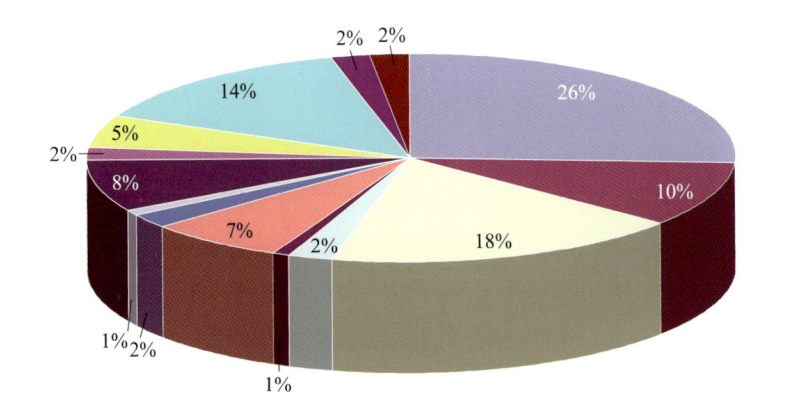

2017年DZZ6型国家级台站自动站故障分布

- 采集器
- 蒸发传感器
- 地温传感器
- 能见度传感器
- 风向风速传感器
- 附属设备
- 气温传感器
- 供电设备
- 气压传感器
- 通信传输设备
- 湿度传感器
- 业务终端设备
- 雨量传感器
- 软件问题

图 1.11　各型号国家级自动气象站部件故障率

1.3　故障单填报中存在的问题

故障单填报中存在的问题很多，不规范的故障单致使统计中的源数据（如等备件和等专家的时间）无法准确获得。突出存在的问题有：

（1）维修活动描述过于简单或无描述。有的故障活动没有任何描述或描述为"null""无"；有的故障活动仅记录为"维修""维修中""正在维修""检查维修""正在检查维修"。

（2）故障持续时间较长时，维修活动记录长期不更新。有约 32.92% 的故障持续时间超过 48 小时的故障单仅有 1 次维修活动记录，如图 1.12 所示。

1　气象装备故障维修情况评估

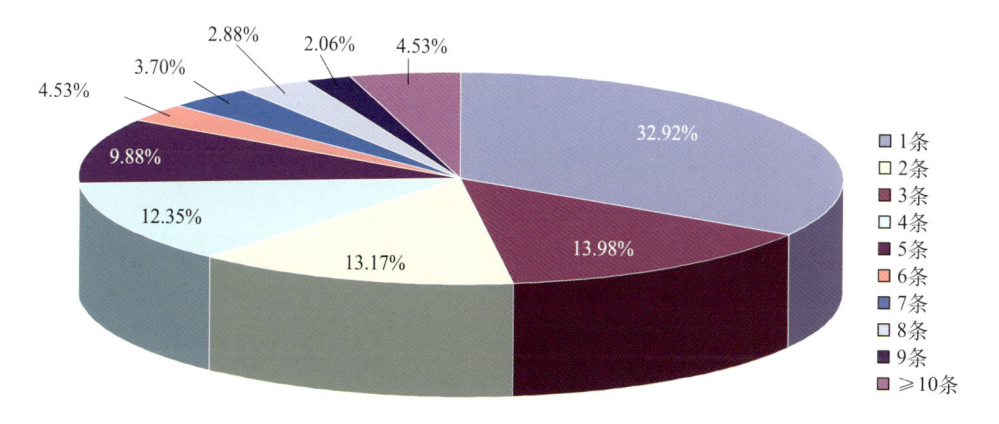

图 1.12　超过 48 小时雷达故障维修活动次数分布

▶ 图 1.12 数据来源：ASOM 导出故障单，针对故障持续时间超过 48 小时的故障单，统计其维修活动记录次数出现比例。

（3）维修活动中有换件事实却无换件记录。统计显示，雷达有 1781 次换件事实（指有换件记录或在维修活动、故障总结分项中有换件描述），其中仅约 22% 的故障单中有换件记录，如图 1.13 所示。

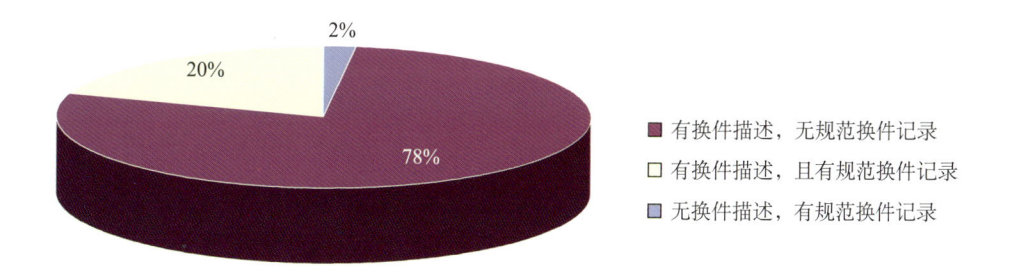

图 1.13　存在换件事实的故障单数量分布

▶ 图 1.13 数据来源：ASOM 导出故障单，对维修活动、故障总结、换件记录进行换件相关关键词检索，统计存在换件事实的故障单数量分布。

（4）故障分系统和故障部件描述不准。统计显示，在273次雷达换件记录中，根据其换件明细，约12%的故障单中存在换件的"部件名称"与填报的"分系统"不符。

（5）其他对评估结果影响较大的问题还有维修过程时间不连续，维修活动未按前后顺序填报，故障结束时间填写错误等。

2 雷达备件消耗评估

2.1 评估目的

通过调查分析备件采购与消耗情况，利用数据挖掘技术，达到如下目的：

（1）获取雷达备件需求计划制定、备件分级（国家级、省级、台站级）原则、消耗性与可维修备件划分标准、备件经费需求与分配比例、应急调度等供应保障及业务管理依据，制定雷达备件综合管理办法。

（2）建立备件评估模型及科学统计分析方法。

（3）探索雷达经济效益评估方法，为今后建立科学的效益评估模型奠定基础。

2.2 评估范围和内容

评估范围：2009至2017年度全国雷达备件储备及消耗情况（需要特别指出的是，本次评估仅针对雷达备件消耗经费，维持费用不统计在内）。

评估内容：按年度对各种型号雷达分台站、分系统、分级别评估，包括雷达备件消耗数量及比例，备件消耗率（年均消耗经费/整机单价），备件消耗排序；同时比对不同型号雷达主要分系统相关消耗情况。

2.3 评估方法和数据来源

2.3.1 分台站

统计 2009—2017 年度不同型号雷达单部备件消耗率。备件消耗率为雷达年平均备件消耗经费与整机单价的比值，用于分析雷达备件年需求经费。

$$R_i^T = \frac{\overline{U_i^T}}{M^T} = \frac{T 型号雷达单部备件第 i 年平均消耗经费}{T 型号雷达整机价格} \quad (2.1)$$

$$\overline{U^T} = \frac{\sum_{i=2009}^{2017} \overline{U_i^T}}{9} = \frac{T 型号雷达备件年均消耗经费之和}{9} \quad (2.2)$$

$$R^T = \frac{\overline{U^T}}{M^T} = \frac{T 型号雷达 9 年年均消耗经费}{T 型号雷达整机价格} \quad (2.3)$$

式中，R_i^T——T 型号单部雷达备件年均消耗经费占该型号雷达价格的百分比；

$\overline{U^T}$——T 型号单部雷达 9 年年均消耗经费；

R^T——T 型号单部雷达备件的 9 年年均消耗经费占该型号雷达价格的百分比；

M^T——T 型号雷达整机价格。

2.3.2 分系统

2.3.2.1 2009—2017 年度不同型号雷达单部各系统消耗经费比例

$$P_i^{T,k} = \frac{\overline{S_i^{T,k}}}{\overline{U_i^T}} = \frac{T 型号雷达单部备件 k 系统第 i 年均消耗经费}{T 型号单部雷达第 i 年年均消耗经费} \quad (2.4)$$

式中，$P_i^{T,k}$ ——T 型号雷达单部备件分系统年均消耗经费占单部雷达年均消耗总经费的比例。

2.3.2.2　2009—2017 年度不同型号雷达单部各系统年均消耗经费比例

$$\overline{S_k^T} = \frac{\sum_{i=2009}^{2017} \overline{S_i^{T,k}}}{9} = \frac{T \text{型号雷达单部备件} k \text{系统} 9 \text{年年均消耗经费之和}}{9} \quad (2.5)$$

$$P_k^T = \frac{\overline{S_k^T}}{\overline{U^T}} = \frac{T \text{型号雷达单部备件} k \text{系统} 9 \text{年年均消耗经费}}{T \text{型号单部雷达} 9 \text{年年均消耗经费}} \quad (2.6)$$

式中，$\overline{S_k^T}$ ——T 型号雷达单部备件各系统 9 年年均消耗经费；

P_k^T ——T 型号雷达单部备件各系统 9 年年均消耗经费占 9 年消耗总经费的比例。

2.3.3　分级别

统计 2009—2017 年度不同型号雷达备件各级别年均消耗比例。

$$R_i^{T,j} = \frac{\overline{G_i^{T,j}}}{\overline{U_i^T}} = \frac{T \text{型号雷达单部} j \text{级别备件第} i \text{年消耗经费}}{T \text{型号雷达单部备件第} i \text{年消耗经费}} \quad (2.7)$$

$$\overline{G_j^T} = \frac{\sum_{i=2009}^{2017} \overline{G_i^{T,j}}}{9} = \frac{T \text{型号雷达备件} j \text{级别备件} 9 \text{年年均消耗经费之和}}{9} \quad (2.8)$$

$$R_j^T = \frac{\overline{G_j^T}}{\overline{U^T}} = \frac{T \text{型号雷达单部} j \text{级别备件} 9 \text{年年均消耗经费}}{T \text{型号雷达单部备件} 9 \text{年年均消耗经费}} \quad (2.9)$$

式中，$R_i^{T,j}$ ——T 型号雷达单部备件各级别年均消耗经费占年消耗总经费的百分比；

$\overline{G_j^T}$ ——T 型号雷达单部备件各级别 9 年年均消耗经费；

R_j^T ——T 型号雷达单部备件各级别 9 年年均消耗经费占 9 年消耗总经费的百分比。

2.3.4 备件消耗 TOP10 分析

通过对不同型号雷达 2009—2017 年度备件消耗数量的跟踪，对高频次故障器件进行排序。为雷达备件的需求分析、计划制定、备件分级及维修提供依据，合理有效使用有限资金；通过高频次故障器件所属分系统，分析备件可靠性及雷达系统性能。

2.3.5 数据来源

数据来自各省气象装备保障部门、雷达站、雷达生产厂家和中国气象局气象探测中心。

2.4 国家级备件情况分析

本节以国家级备件为主线，按不同型号雷达统计数据分别对其消耗国家级备件情况进行分析评估，然后进行不同型号间的比较评估。

由表 2.1 可以看出，随着各型号雷达入网数量和使用年限的增加，需要维护的雷达数量呈逐年上升趋势。

表 2.1　2009—2017 年度维护雷达数量一览表

年度 型号		2009	2010	2011	2012	2013	2014	2015	2016	2017
维护雷达数量（部）	CINRAD/SA	37	37	40	40	42	49	54	59	61
	CINRAD/SB	14	14	17	19	19	20	20	20	20
	CINRAD/CB	11	12	12	12	12	12	12	12	13
	CINRAD/CC	32	34	34	35	36	27	38	36	34
	CINRAD/CD	20	21	21	23	23	23	23	24	26
	CINRAD/SC	11	12	13	13	13	14	14	15	12

2.4.1　CINRAD/SA

（1）CINRAD/SA 分系统国家级备件消耗统计。如图 2.1 所示，SA 雷达九年国家级备件经费消耗在发射系统、接收系统、天线伺服系统及信号处理系统较高。通过九年数据分析，这四个分系统国家级备件消耗经费占总经费的 93% 以上。做备件储备时，在考虑大修技术升级的基础上，适当加大上述分系统的储备力度。

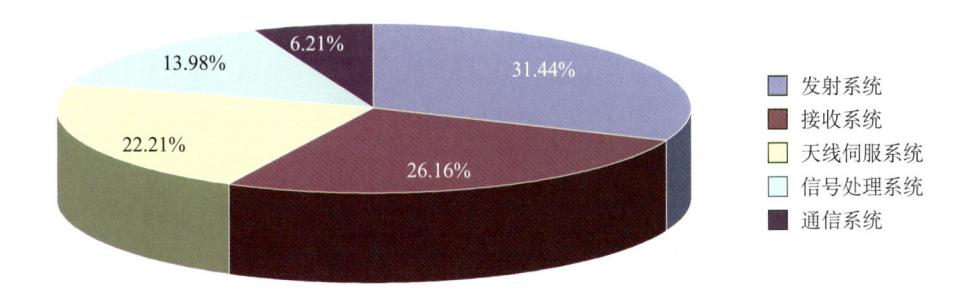

图 2.1　2009—2017 年度 SA 雷达单部各系统国家级备件年均消耗经费比例

（2）国家级备件消耗率。如图 2.2 所示，SA 雷达九年国家级备件消耗率最高为 2010 年的 2.64%，最低为 2011 年的 0.59%。

图 2.2　2009—2017 年度 SA 雷达单部国家级备件消耗率

（3）SA 雷达九年国家级备件消耗 TOP10 排序如表 2.2 所示。通过计算可知，SA 雷达九年国家级备件消耗 TOP10 所消耗经费占总经费的 61%，如图 2.3 所示。因此，在进行备件采购时，在考虑大修技术升级的基础上，应适当增加对高故障频次备件的采购经费分配。

表 2.2　2009—2017 年度 SA 雷达国家级备件消耗（TOP10）

序号	备件名称	消耗数量
1	频率源	71
2	减速箱	47
3	HSP硬件信号处理器	41
4	3A12调制器	32
5	可编程信号处理器PSP	32
6	射频脉冲形成器	30
7	汇流环	20
8	软波导	18
9	功率放大单元	16
10	轴角盒	16

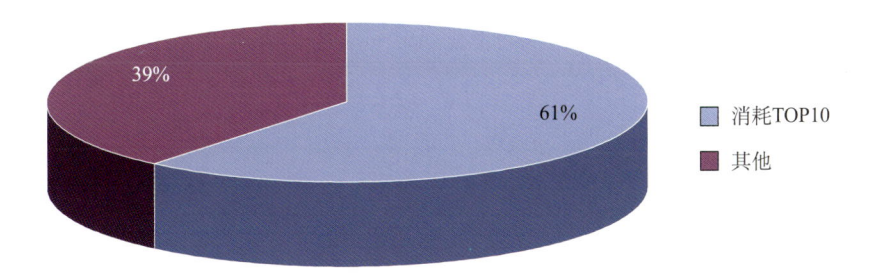

图 2.3　2009—2017 年度 SA 雷达 TOP10 国家级备件消耗占总经费比例

2.4.2　CINRAD/SB

（1）CINRAD/SB 分系统国家级备件消耗统计。如图 2.4 所示，SB 雷达九年国家级备件经费消耗集中在天线伺服系统、接收系统、发射系统及信号处理系统。通过九年数据分析，这四个分系统国家级备件消耗经费占总经费的 98% 以上。在备件储备时，应适当调整各分系统备件的比例，考虑加大上述分系统备件的储备力度。

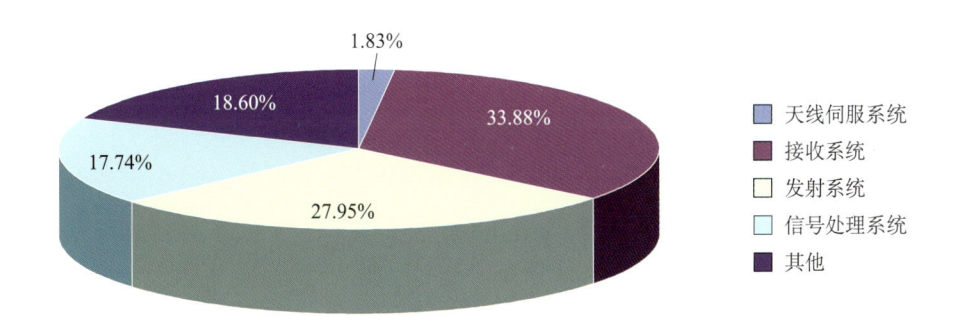

图 2.4　2009—2017 年度 SB 雷达单部各系统国家级备件年均消耗经费比例

（2）国家级备件消耗率。如图 2.5 所示，单部国家级备件消耗率曲线大致呈规律性起伏。

图 2.5 2009—2017 年度 SB 雷达单部国家级备件消耗率

（3）SB 雷达九年国家级备件消耗 TOP10 排序见表 2.3，通过计算，SB 雷达九年国家级备件消耗 TOP10 所消耗经费占总经费的 85%，如图 2.6 所示。因此，在进行备件采购时，在考虑大修技术升级的基础上，应加大对高故障频次备件的采购经费分配。

表 2.3 2009—2017 年度 SB 雷达国家级备件消耗（TOP10）

序号	备件名称	消耗数量
1	汇流环	12
2	HSP 硬件信号处理器 B	11
3	频率源	6
4	PSP 软件信号处理器	6
5	HSP 硬件信号处理器 A	6
6	固态放大器	3
7	速调管	2
8	控制保护板	2
9	A/D 高速采集模块	2
10	波导开关	2

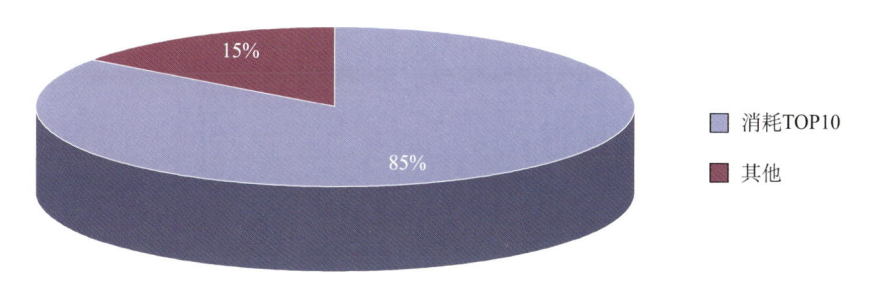

图 2.6　2009—2017 年度 SB 雷达 TOP10 国家级备件消耗占总经费比例

2.4.3　CINRAD/CB

（1）CINRAD/CB 分系统国家级备件消耗统计。如图 2.7 所示，CB 雷达九年国家级备件经费消耗集中在发射系统、信号处理系统和天线伺服系统，其中发射系统所占比例高达 57.29%。据统计，2009 年至 2017 年发射系统中速调管更换频次较高，发射系统整体备件消耗费用偏高。在备件储备时，应考虑加大上述分系统的储备力度。

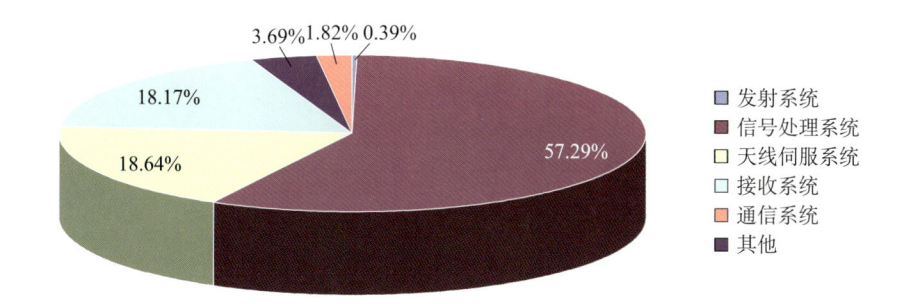

图 2.7　2009—2017 年度 CB 雷达单部各系统国家级备件年均消耗经费比例

（2）国家级备件消耗率。如图 2.8 所示，单部国家级备件消耗率 2015 年最高为 6.15%。

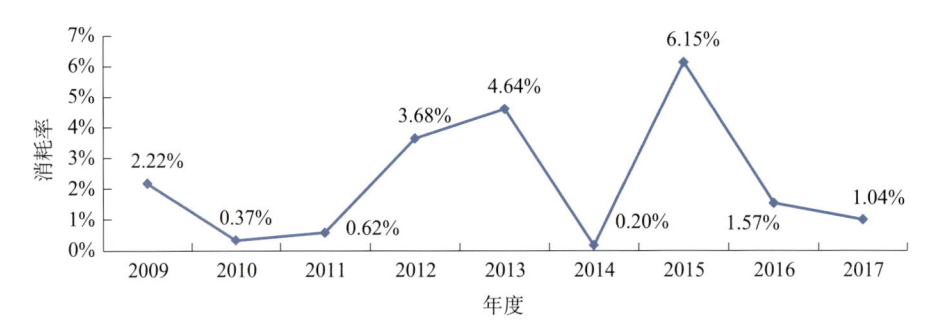

图 2.8　2009—2017 年度 CB 雷达单部国家级备件消耗率

（3）CB 雷达九年国家级备件消耗 TOP10 排序见表 2.4。由表可见，速调管的消耗频率较高，其更换数量对年均消耗经费的影响非常大。通过计算，CB 雷达九年国家级消耗 TOP10 所消耗经费占总经费的 92%，如图 2.9 所示。因此，应重点关注大修技术升级后的速调管使用寿命，在进行备件采购时，考虑加大对高故障频次备件的采购经费分配。

表 2.4　2009—2017 年度 CB 雷达国家级备件消耗（TOP10）

序号	备件名称	消耗数量
1	速调管	34
2	HSP组合	16
3	汇流环	15
4	A16接口转换组合	8
5	可编程信号处理器PSP	8
6	中频正交器	2
7	信号处理板	4
8	高压充电分机	2
9	测量接口板	2
10	频率源	1

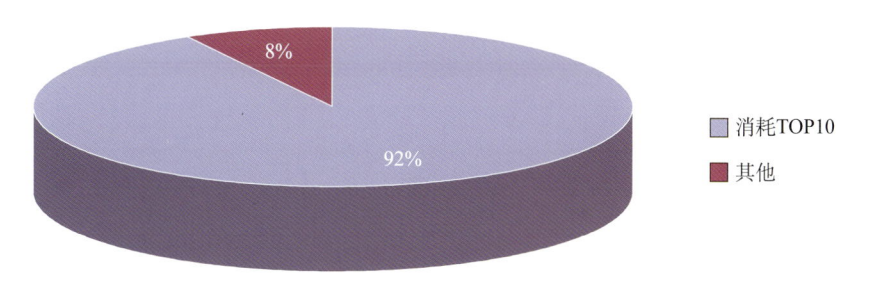

图 2.9　2009—2017 年度 CB 雷达 TOP10 国家级备件消耗占总经费比例

2.4.4　CINRAD/SC

（1）CINRAD/SC 分系统国家级备件消耗统计。如图 2.10 所示，SC 雷达九年国家级备件经费消耗在发射系统、接收系统、其他系统及天线伺服系统较高。通过九年数据分析，这四个分系统国家级备件消耗经费占总经费的 88%，其中发射系统所占比例高达 63%。据统计，2009 年至 2017 年发射系统中速调管更换频次较高，发射系统整体备件消耗费用偏高。在备件储备时，应考虑加大上述分系统的储备力度。

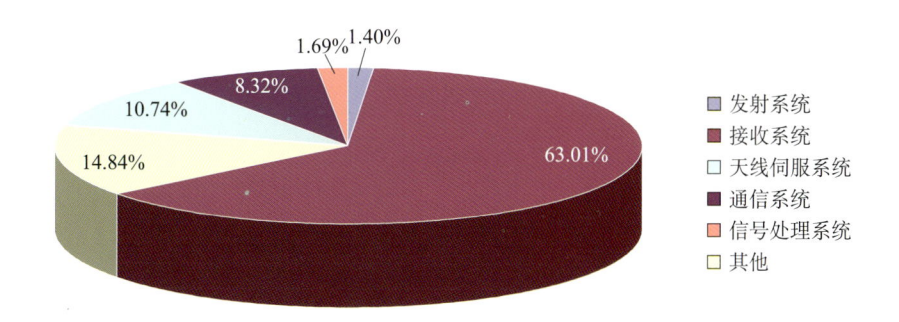

图 2.10　2009—2017 年度 SC 雷达单部各系统国家级备件年均消耗经费比例

（2）国家级备件消耗率。如图 2.11 所示，SC 雷达九年国家级备件消耗率由 2009 年的 0.64% 上升至 2017 年的 2.00%。

图 2.11　2009—2017 年度 SC 雷达单部国家级备件消耗率

（3）SC 雷达九年国家级备件消耗 TOP10 排序见表 2.5，由表可见，速调管、电机及频率综合器消耗数量较多，其中速调管更换数量对年均消耗经费的影响非常大。通过计算，SC 雷达九年国家级备件消耗 TOP10 所消耗经费占总经费比例高达 99%，如图 2.12 所示。因此，在进行备件采购时，应重点关注大修技术升级后的速调管使用寿命，在进行备件采购时，考虑加大对高故障频次备件的采购经费分配。

表 2.5　2009—2017 年度 SC 雷达国家级备件消耗（TOP10）

序号	备件名称	消耗数量
1	速调管	17
2	电机	6
3	频率综合器	6
4	监控数据采集分机	2
5	汇流环	2
6	放电管	2
7	天线罩	1
8	磁场线包（与KS4061配套）	1
9	RVP8标配主机	1
10	功放组合	1

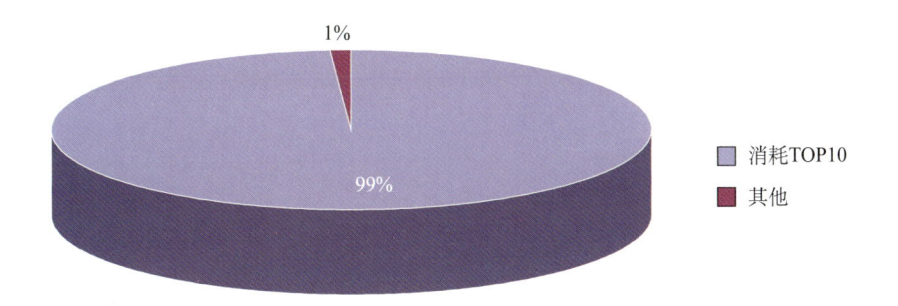

图 2.12　2009—2017 年度 SC 雷达 TOP10 国家级备件消耗占总经费比例

2.4.5　CINRAD/CD

（1）CINRAD/CD 分系统国家级备件消耗统计。如图 2.13 所示，CD 雷达九年国家级备件经费消耗在发射系统、天线伺服系统、接收系统及信号处理系统较高。通过九年数据分析，这四个分系统国家级备件消耗经费约占总经费的 88%，其中发射系统所占比例高达 60% 以上。据统计，2009 年至 2017 年发射系统中速调管更换数量较多，造成发射系统备件消耗费用偏高，另外，其他系统国家级备件更换比例出现增多趋势，在备件储备时，应适当调整各分系统备件的比例，考虑加大上述分系统备件的储备力度。

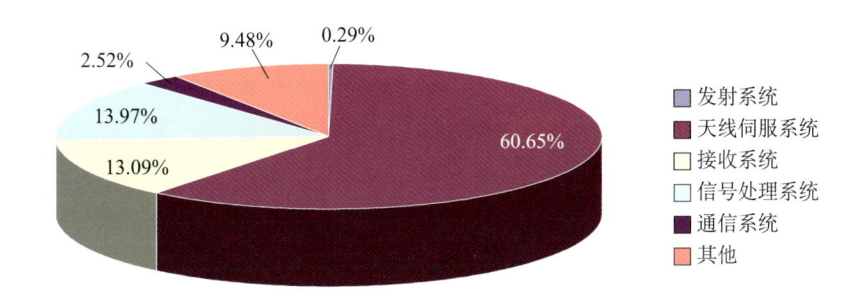

图 2.13　2009—2017 年度 CD 雷达单部各系统国家级备件年均消耗经费比例

（2）国家级备件消耗率。如图 2.14 所示，CD 雷达九年国家级备件消耗率从 2009 年至 2017 年略有起伏，总体来看有所增长。

图 2.14　2009—2017 年度 CD 雷达单部国家级备件消耗率

（3）CD 雷达九年国家级备件消耗 TOP10 排序见表 2.6，由表可见，速调管、汇流环及频率综合器消耗频率较高，其中速调管更换数量对年均消耗经费的影响最大。通过计算，CD 雷达九年国家级备件消耗 TOP10 所消耗经费占总经费比例高达 95%，如图 2.15 所示。因此，在进行备件采购时，应重点关注大修技术升级后的速调管使用寿命，在进行备件采购时，考虑加大对高故障频次备件的采购经费分配。

表 2.6　2009—2017 年度 CD 雷达国家级备件消耗（TOP10）

序号	备件名称	消耗数量
1	速调管	61
2	汇流环	18
3	频率综合器	14
4	放电管	5
5	监控数据采集分机	4
6	电机组合	3
7	数字中频转换器	3
8	人工线	2
9	信号处理器	2
10	可控硅调制分机	2

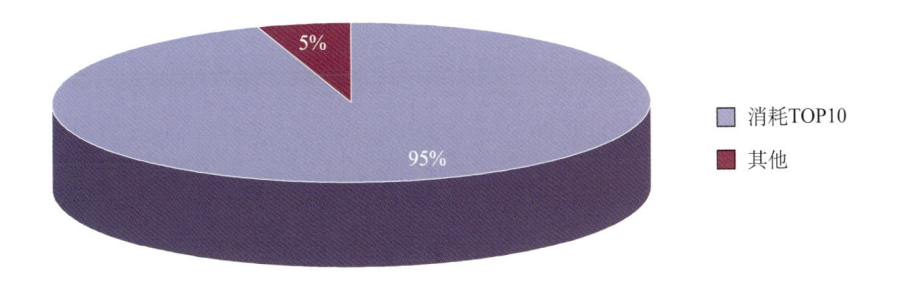

图 2.15　2009—2017 年度 CD 雷达 TOP10 国家级备件消耗占总经费比例

2.4.6　CINRAD/CC

（1）CINRAD/CC 分系统国家级备件消耗统计。如图 2.16 所示，CC 雷达九年国家级备件经费消耗在发射系统、信号处理系统及天线伺服系统较高。通过九年数据分析，这三个分系统国家级备件消耗经费占总经费的 97% 以上，其中发射系统所占比例超过 75%。据统计，2009 年至 2017 年发射系统中速调管更换频次较高，造成发射系统备件消耗费用偏高，在备件储备时，应适当调整各分系统备件的比例，考虑加大上述分系统备件的储备力度。

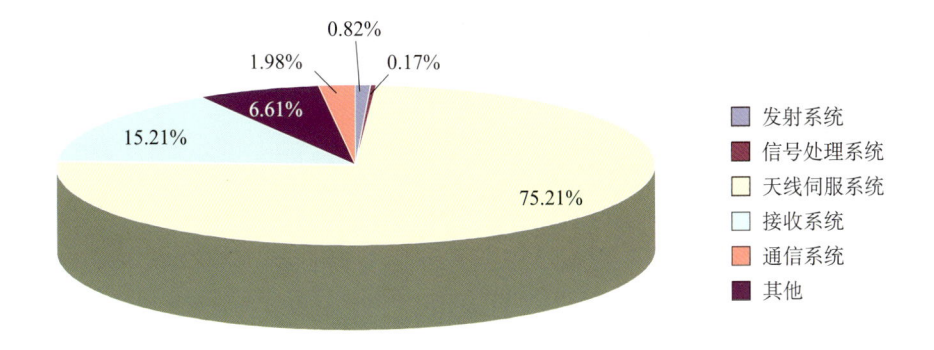

图 2.16　2009—2017 年度 CC 雷达单部各系统国家级备件年均消耗经费比例

（2）国家级备件消耗率。如图 2.17 所示，CC 雷达九年国家级备件消耗率从 2009 年至 2017 年略有起伏，其中 2015 年消耗率最高为 4.43%。

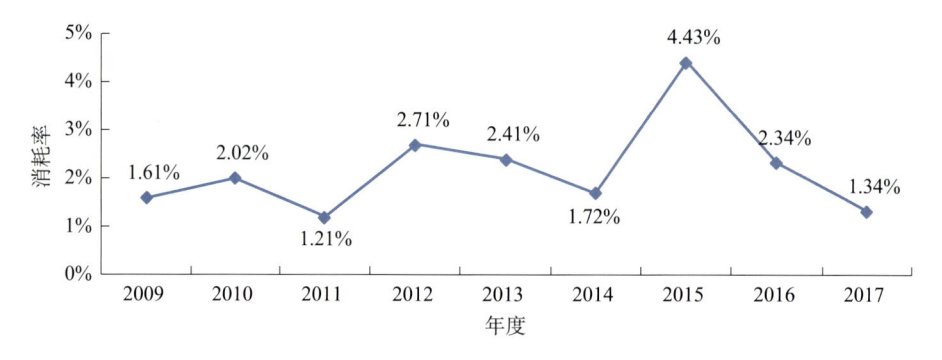

图 2.17　2009—2017 年度 CC 雷达单部国家级备件消耗率

（3）CC 雷达九年国家级备件消耗 TOP10 排序见表 2.7，由表可见，速调管、汇流环、综合分机消耗频率较高，此外直波导和 E 弯波导的消耗频数量也偏多。通过计算，CC 雷达九年国家级备件消耗 TOP10 所消耗经费占总经费比例高达 93%，如图 2.18 所示。因此，在进行备件采购时，应重点关注大修技术升级后的速调管使用寿命，在进行备件采购时，考虑加大对高故障频次备件的采购经费分配。

表 2.7　2009—2017 年度 CC 雷达国家级备件消耗（TOP10）

序号	备件名称	消耗数量
1	速调管	113
2	直波导	20
3	E弯波导	17
4	汇流环	16
5	综合分机	16
6	监控主板	6
7	MDSP板	6
8	H弯波导	5
9	伺服分机	4
10	时序控制	4

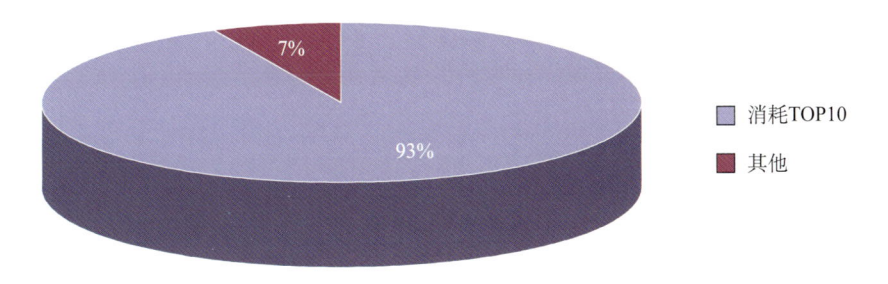

图 2.18　2009—2017 年度 CC 雷达 TOP10 国家级备件消耗占总经费比例

2.5　省级与台站级备件情况分析

本节以省级与台站级备件为主线，按不同型号雷达统计数据分别对其消耗省级（含台站级）备件情况进行分析评估，然后进行不同型号间的比较。

2.5.1　CINRAD/SA

（1）CINRAD/SA 分系统省级（含台站级）备件消耗统计。如图 2.19 所示，SA 雷达七年省级（含台站级）备件经费消耗在天线伺服系统、发射系统、监控系统及接收系统较高。通过七年数据分析，这四个分系统省级（含台站级）备件消耗经费占总经费的 92% 以上。其中天线伺服系统备件消耗费用偏高，在备件储备时，应考虑加大上述分系统的储备力度。

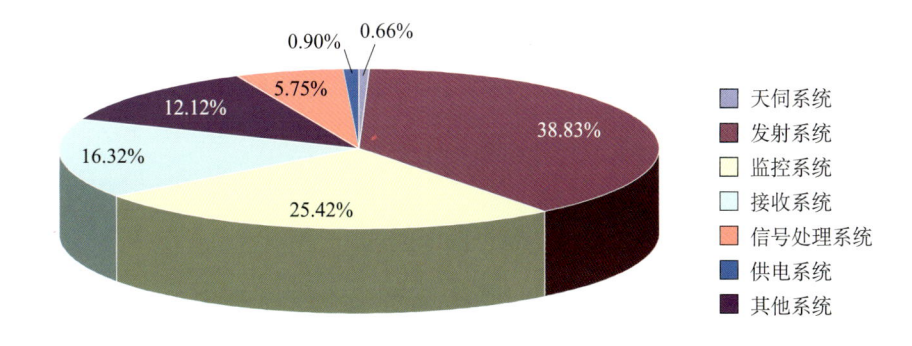

图 2.19　2009—2015 年度 SA 雷达单部各系统省级（含台站级）备件年均消耗经费比例

（2）省级（含台站级）备件消耗率。如图 2.20 所示，SA 雷达七年省级（含台站级）备件消耗率变化呈下降趋势。

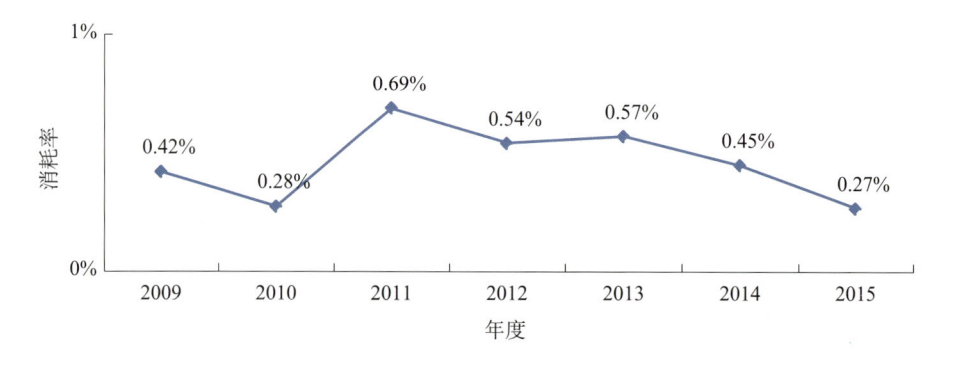

图 2.20　2009—2015 年度 SA 雷达单部省级（含台站级）备件消耗率

（3）SA 雷达七年省级（含台站级）备件消耗 TOP10 排序见表 2.8，由表可见，碳刷类消耗量远高于其他备件。通过计算，SA 雷达七年省级（含台站级）备件消耗 TOP10 所消耗经费占总经费的 81%，如图 2.21 所示。因此，在进行备件采购时，应重点考虑碳刷类寿命型器件采购比例，增加对高故障频次备件的采购经费分配。

表 2.8　2009—2015 年度 SA 雷达省级（含台站级）备件消耗（TOP10）

序号	备件名称	消耗数量
1	弹簧碳刷组合	200
2	电机碳刷	146
3	调制器高压线	36
4	方位电机	36
5	油嘴	29
6	可控硅	25
7	空气压缩机	16
8	聚焦线圈风机M2	16

续表

序号	备件名称	消耗数量
9	方位旋转关节	16
10	IGBT模块	16

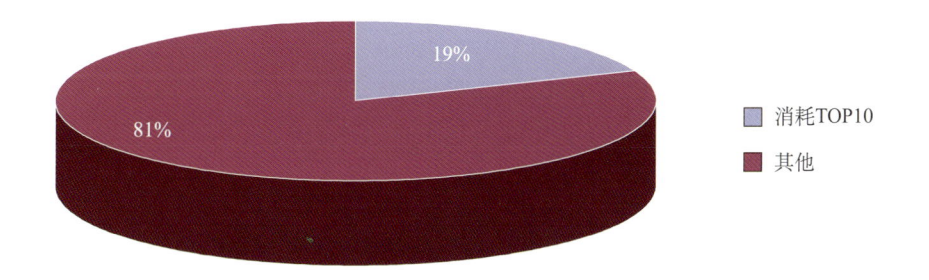

图 2.21　2009—2015 年度 SA 雷达 TOP10 省级（含台站级）备件消耗占总经费比例

2.5.2　CINRAD/SB

（1）CINRAD/SB 分系统省级（含台站级）备件消耗统计。如图 2.22 所示，SB 雷达七年省级（含台站级）备件经费消耗在发射系统、天线伺服系统、监控系统、接收系统及信号处理系统较高。通过七年数据分析，这五个分系统省级（含台站级）备件消耗经费占总经费的 95% 以上。其中发射系统备件消耗费用所占比例超过 51%，在备件储备时，应考虑加大上述分系统的储备力度。

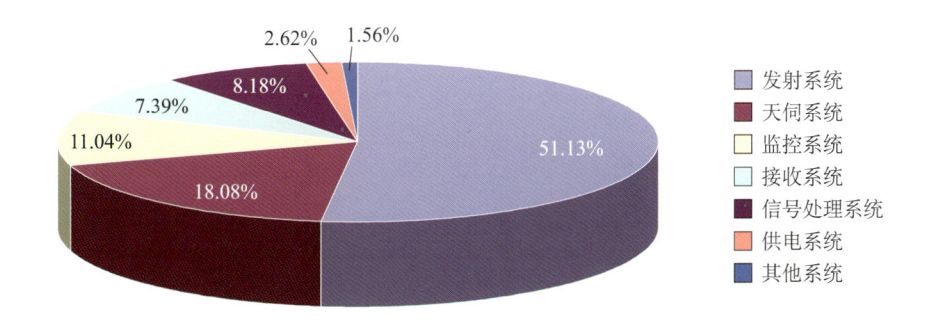

图 2.22　2009—2015 年度 SB 雷达单部各系统省级（含台站级）备件年均消耗经费比例

（2）省级（含台站级）备件消耗率。如图 2.23 所示。

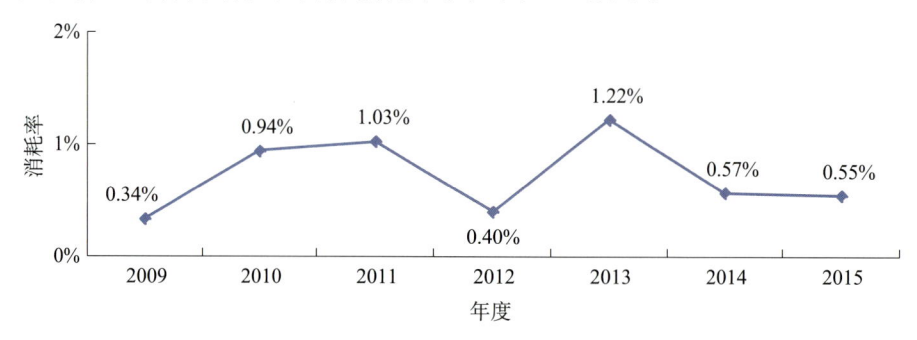

图 2.23　2009—2015 年度 SB 雷达单部省级（含台站级）备件消耗率

（3）SB 雷达七年省级（含台站级）备件消耗 TOP10 排序见表 2.9，通过计算，SB 雷达七年省级（含台站级）备件消耗 TOP10 所消耗经费占总经费的 67%，如图 2.24 所示。因此，在进行备件采购时，应考虑增加对高故障频次备件的采购经费分配。

表 2.9　2009—2015 年度 SB 雷达省级（含台站级）备件消耗（TOP10）

序号	备件名称	消耗数量
1	轴流风机	43
2	可控硅	21
3	电缆头	20
4	波导管	10
5	空压机	9
6	方位电机	9
7	3A10开关组件	6
8	DAU组合	5
9	硬件信号处理器HSP(B)	4
10	硬件信号处理器HSP(A)	4

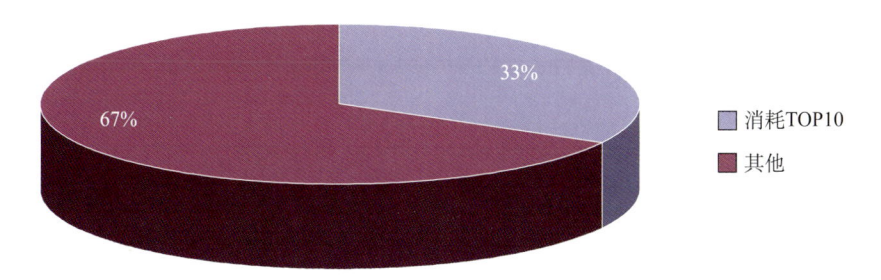

图 2.24　2009—2015 年度 SB 雷达 TOP10 省级（含台站级）备件消耗占总经费比例

2.5.3　CINRAD/CB

（1）CINRAD/CB 分系统省级（含台站级）备件消耗统计。如图 2.25 所示，CB 雷达七年省级（含台站级）备件经费消耗在发射系统、天线伺服系统、接收系统、监控系统及信号处理系统较高。通过七年数据分析，这五个分系统省级（含台站级）备件消耗经费占总经费的 96% 以上。其中发射系统备件消耗费用偏高且呈现上升趋势，在备件储备时，应考虑加大上述分系统的储备力度。

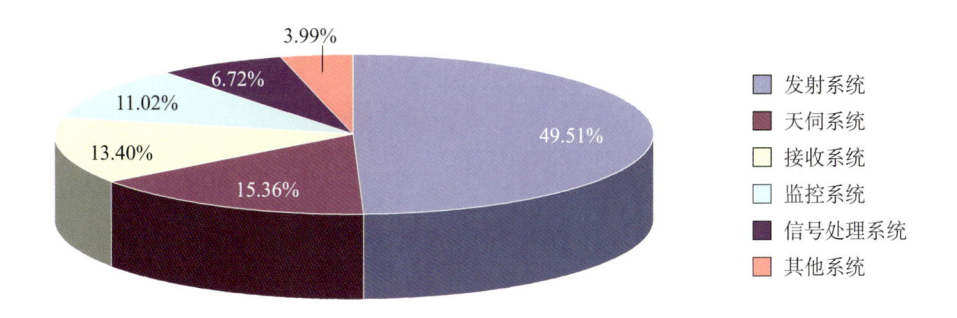

图 2.25　2009—2015 年度 CB 雷达单部各系统省级（含台站级）备件年均消耗经费比例

（2）省级（含台站级）备件消耗率。如图 2.26 所示。

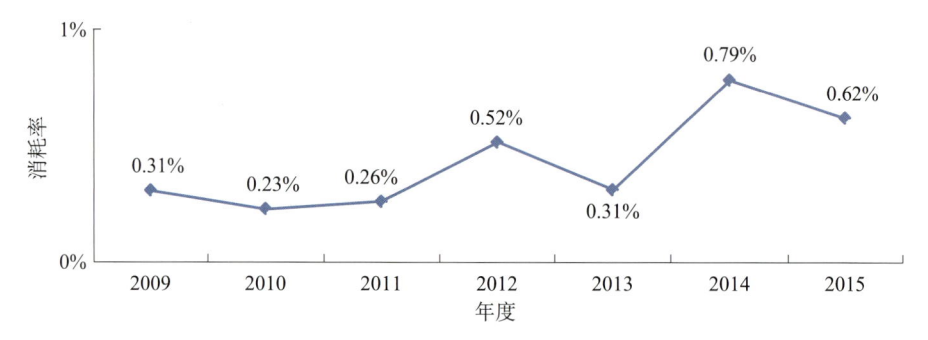

图 2.26　2009—2015 年度 CB 雷达单部省级（含台站级）备件消耗率

（3）CB 雷达七年省级（含台站级）备件消耗 TOP10 排序见表 2.10，通过计算，CB 雷达七年省级（含台站级）备件消耗 TOP10 所消耗经费占总经费的 61%，如图 2.27 所示。因此，在进行备件采购时，应考虑增加对高故障频次备件的采购经费分配。

表 2.10　2009—2015 年度 CB 雷达省级（含台站级）备件消耗（TOP10）

序号	备件名称	消耗数量
1	风机	53
2	可控硅	42
3	轴流风机	18
4	RDASC 计算机	7
5	速调管风机	4
6	灯丝电源	4
7	低压电源	4
8	TR 管	3
9	整流滤波组件	3
10	空气干燥机	3

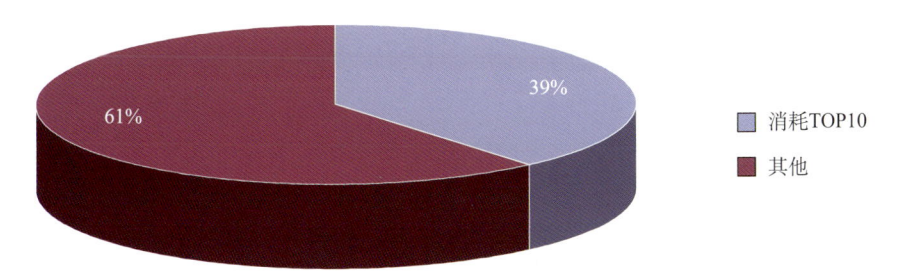

图 2.27　2009—2015 年度 CB 雷达 TOP10 省级（含台站级）备件消耗占总经费比例

2.5.4　CINRAD/SC

（1）CINRAD/SC 分系统省级（含台站级）备件消耗统计。如图 2.28 所示，SC 雷达七年省级（含台站级）备件经费消耗在天线伺服系统、发射系统、接收系统、供电系统及监控系统较高。通过七年数据分析，这五个分系统省级（含台站级）备件消耗经费占总经费的 98% 以上。其中天线伺服系统和发射系统备件消耗费用偏高，在备件储备时，应考虑加大上述分系统的储备力度。

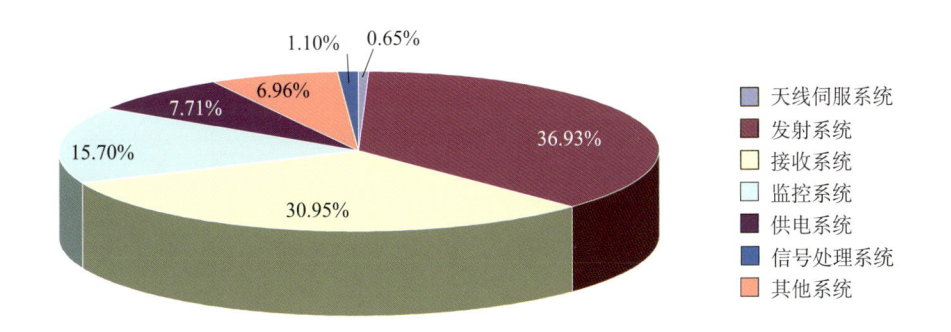

图 2.28　2009—2015 年度 SC 雷达单部各系统省级（含台站级）备件年均消耗经费比例

（2）省级（含台站级）备件消耗率。如图 2.29 所示。

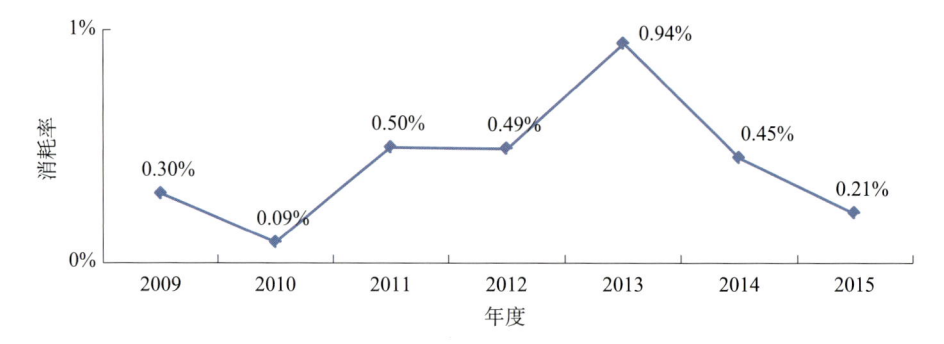

图 2.29　2009—2015 年度 SC 雷达单部省级（含台站级）备件消耗率

（3）SC 雷达七年省级（含台站级）备件消耗 TOP10 排序见表 2.11，由表可见，电机碳刷消耗量远高于其他备件。通过计算，SC 雷达七年省级（含台站级）备件消耗 TOP10 所消耗经费占总经费的 67%，如图 2.30 所示。因此，在进行备件采购时，应重点考虑碳刷类寿命型器件采购比例，增加对高故障频次备件的采购经费分配。

表 2.11　2009—2015 年度 SC 雷达省级（含台站级）备件消耗（TOP10）

序号	备件名称	消耗数量
1	电机碳刷	105
2	放电管	32
3	轴流风机	22
4	IGBT	19
5	可控硅	15
6	脉宽调制器	10
7	方位驱动电机	5
8	−600 V电源	4
9	电机改装(进口)	3
10	钛泵电源	3

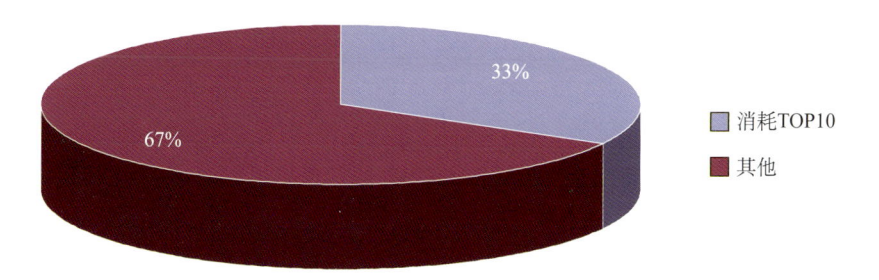

图 2.30 2009—2015 年度 SC 雷达 TOP10 省级（含台站级）备件消耗占总经费比例

2.5.5 CINRAD/CD

（1）CINRAD/CD 分系统省级（含台站级）备件消耗统计。如图 2.31 所示，CD 雷达七年省级（含台站级）备件经费消耗在天线伺服系统、发射系统、接收系统较高。通过七年数据分析，这三个分系统省级（含台站级）备件消耗经费占总经费的 76% 以上。此外，监控系统、供电系统和其他系统三个分系统的消耗经费约占总经费的 20%，在备件储备时，应适当调整各分系统备件的比例，考虑加大上述分系统备件的储备力度。

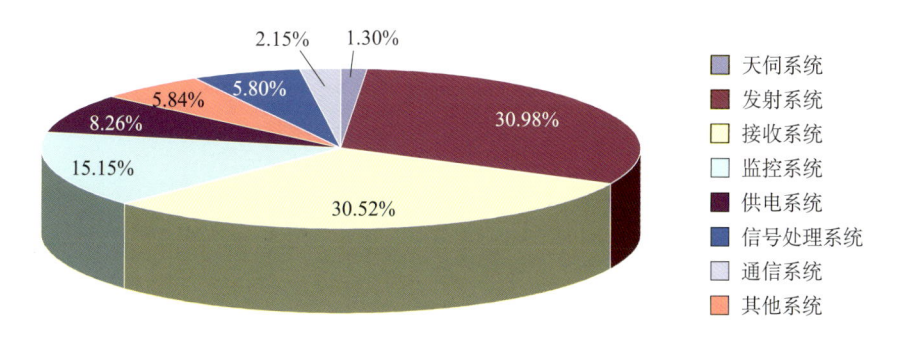

图 2.31 2009—2015 年度 CD 雷达单部各系统省级（台站级）备件年均消耗经费比例

（2）CD 雷达单部省级（含台站级）备件消耗率。如图 2.32 所示。

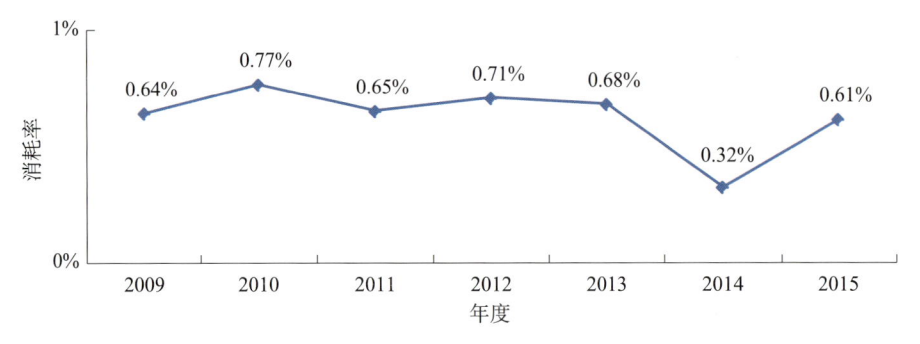

图 2.32　2009—2015 年度 CD 雷达单部省级（台站级）备件消耗率

（3）CD 雷达七年省级（含台站级）备件消耗 TOP10 排序见表 2.12，其中电机碳刷与汇流环电刷的消耗频率非常高，轴流风机的消耗量也较大，均属于易损型器件。通过计算，CD 雷达七年省级（含台站级）备件消耗 TOP10 所消耗经费占总经费的 82%，如图 2.33 所示。因此，在进行备件采购时，应重点考虑碳刷类寿命型器件采购比例，增加对高故障频次备件的采购经费分配。

表 2.12　2009—2015 年度 CD 雷达省级（含台站级）备件消耗（TOP10）

序号	备件名称	消耗数量
1	电机碳刷	588
2	汇流电刷	456
3	轴流风机	145
4	IGBT	80
5	IGBT模块	72
6	可控硅	43
7	放电管	37
8	电机组合	31
9	方位电机	14
10	场放	12

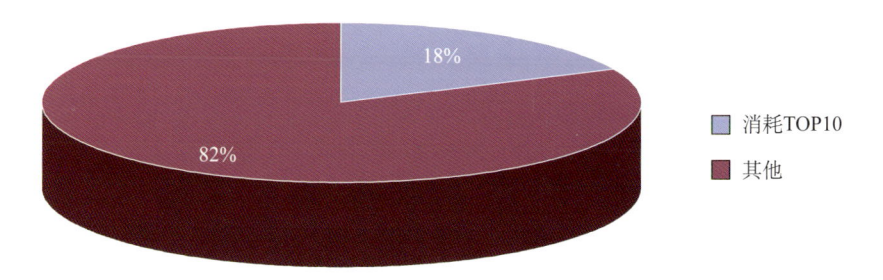

图 2.33 2009—2015 年度 CD 雷达 TOP10 省级（含台站级）备件消耗占总经费比例

2.5.6 CINRAD/CC

（1）CINRAD/CC 分系统省级（含台站级）备件消耗统计。如图 2.34 所示，CC 雷达七年省级（含台站级）备件经费消耗在发射系统、天线伺服系统、接收系统及信号处理系统较高。通过七年数据分析，这四个分系统省级（含台站级）备件消耗经费占总经费的 79% 以上。此外接收系统和供电系统的年均消耗经费曲线呈上升趋势，在备件储备时，应重点加大上述分系统的储备力度。

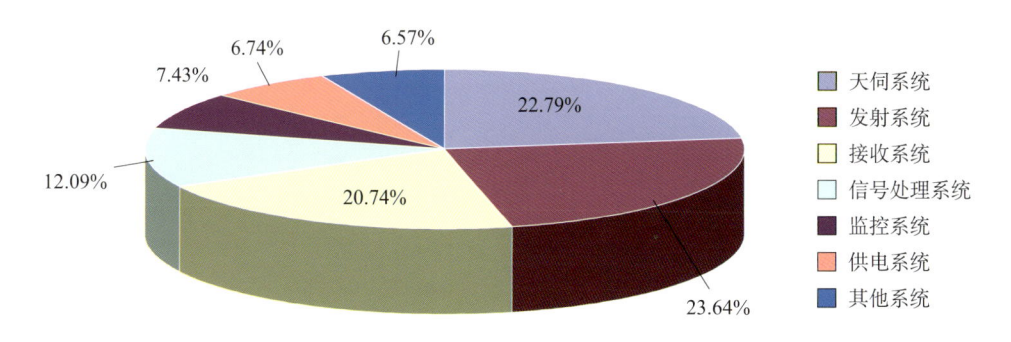

图 2.34 2009—2015 年度 CC 雷达单部各系统省级（台站级）备件年均消耗经费比例

（2）省级（含台站级）备件消耗率。见图 2.35 所示。

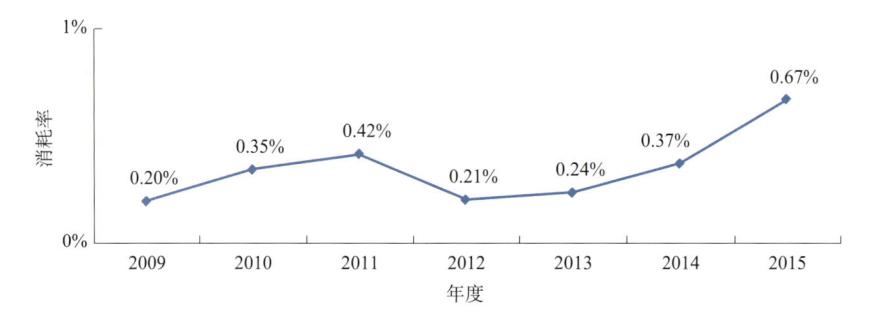

图2.35　2009—2015年度CC雷达单部省级（台站级）备件消耗率

（3）CC雷达七年省级（含台站级）备件消耗TOP10排序见表2.13，其中轴流风机的消耗频率非常高，属易损型器件。通过计算，CC雷达七年省级（含台站级）备件消耗TOP10所消耗经费占总经费的78%，如图2.36所示。因此，在备件储备时，应适当调整各分系统备件的比例，考虑加大易损型器件的储备力度。

表2.13　2009—2015年度CC雷达省级（含台站级）备件消耗（TOP10）

序号	备件名称	消耗数量
1	轴流风机	573
2	可控硅	67
3	风机	31
4	IGBT	18
5	磁场电源	16
6	旋转变压器	13
7	转接器	13
8	抽风风机	10
9	综合分机 低压电源1	10
10	高功率铰链	9

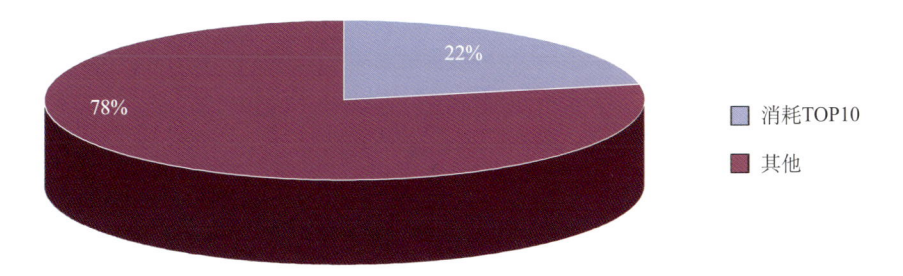

图 2.36　2009—2015 年度 CC 雷达 TOP10 省级（含台站级）备件消耗占总经费比例

//
第二篇

观测站网布局及环境评估

3 观测系统站网布局情况

基于综合气象观测系统运行监控平台（ASOM 2.0）中全国气象装备的运行监控数据，对全国各省（区、市）新一代天气雷达站、国家级台站自动气象站、高空气象观测站、雷电监测站、区域气象观测站、自动土壤水分观测站等国家级业务运行考核站点信息进行了统计和分析。

3.1 新一代天气雷达站

截至 2017 年 12 月，纳入全国业务运行考核的新一代天气雷达站数量为 191 部，平均站间距约为 224.19 km，站点密度约为 1.99 个 /10 万 km²。按照设备型号划分，CB 雷达 15 部，CC 雷达 40 部，CD 雷达 25 部，SA 雷达 79 部，SB 雷达 20 部，SC 雷达 12 部。布局如图 3.1 所示。

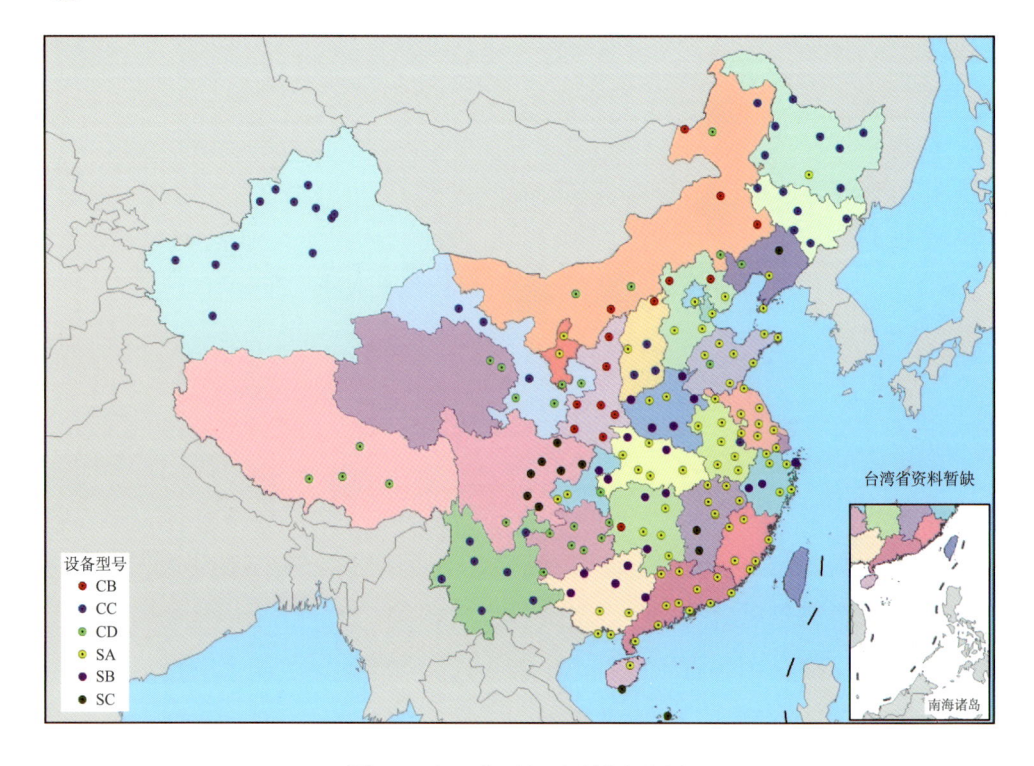

图 3.1　新一代天气雷达站点布局

全国各省（区、市）新一代天气雷达站点面积、数量和密度如表 3.1 所示。

表 3.1　各省（区、市）新一代天气雷达站点统计

省份	面积（万 km²）	站点数（个）	站点密度（个/10万 km²）
北京	1.68	1	5.95
天津	1.13	1	8.85
河北	18.77	5	2.66
山西	15.63	5	3.20
内蒙古	118.30	8	0.68
辽宁	14.59	4	2.74
吉林	18.74	6	3.20
黑龙江	45.48	9	1.98
上海	0.63	1	15.87
江苏	10.26	8	7.80

续表

省份	面积（万 km²）	站点数（个）	站点密度（个/10万 km²）
浙江	10.20	8	7.84
安徽	13.97	7	5.01
福建	12.13	6	4.95
江西	16.70	8	4.79
山东	15.38	8	5.20
河南	16.70	7	4.19
湖北	18.59	8	4.30
湖南	21.18	8	3.78
广东	17.98	11	6.11
广西	23.60	9	3.81
海南	3.40	3	8.82
重庆	8.23	4	4.86
四川	48.14	8	1.66
贵州	17.60	7	3.98
云南	38.33	7	1.83
西藏	122.80	4	0.33
陕西	20.56	7	3.40
甘肃	45.44	6	1.32
青海	72.23	2	0.28
宁夏	6.64	3	4.52
新疆（含兵团）	166.00	12	0.72

3.2 国家级台站自动气象站

截至2017年12月，纳入全国业务运行考核的国家级台站自动气象站为2412个，平均站间距约为63.09 km，站点密度约为25.13个/10万 km²。按照站点类型划分，国家基准气候站为210个，国家基本气象站为629个，国家一般气象站为1573个。布局如图3.2所示。

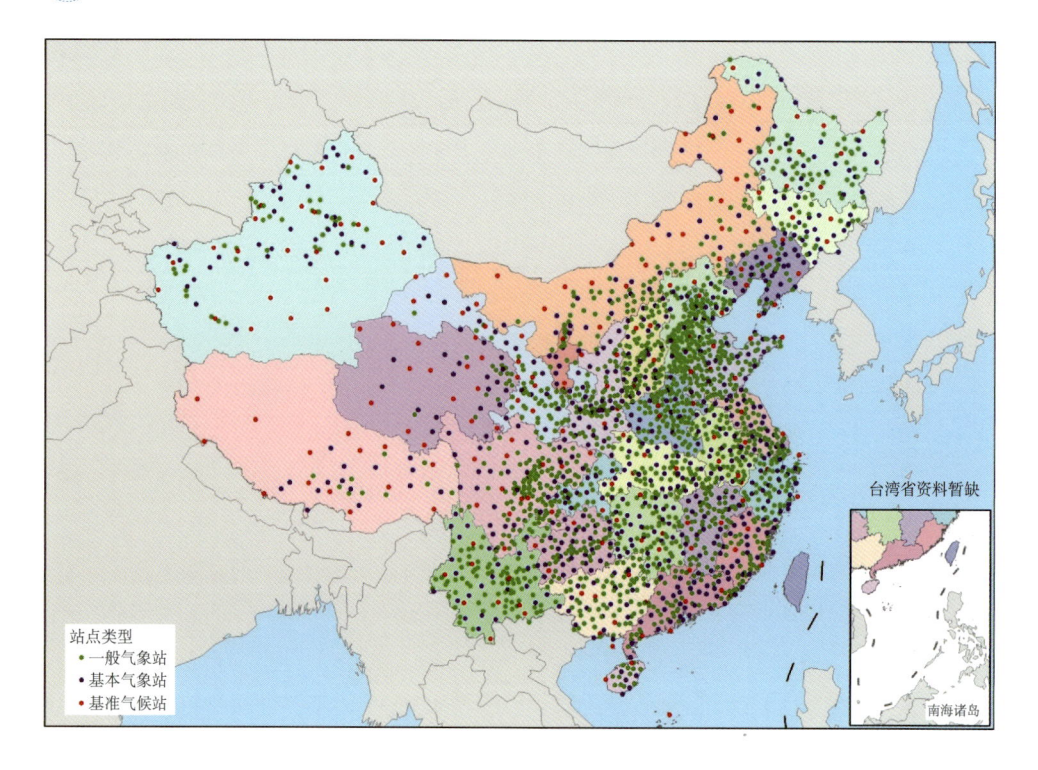

图 3.2 国家级台站自动气象站点布局

全国各省（区、市）国家级台站自动气象站面积、数量、密度如表 3.2 所示。

表 3.2 各省（区、市）国家级台站自动气象站点统计

省份	面积（万 km²）	站点数（个）	站点密度（个/10万 km²）
北京	1.68	20	119.05
天津	1.13	12	106.19
河北	18.77	142	75.65
山西	15.63	109	69.74
内蒙古	118.30	118	9.97
辽宁	14.59	62	42.49
吉林	18.74	53	28.28
黑龙江	45.48	84	18.47
上海	0.63	11	174.60

续表

省份	面积（万km²）	站点数（个）	站点密度（个/10万km²）
江苏	10.26	70	68.23
浙江	10.20	72	70.59
安徽	13.97	81	57.98
福建	12.13	70	57.71
江西	16.70	91	54.49
山东	15.38	123	79.97
河南	16.70	119	71.26
湖北	18.59	82	44.11
湖南	21.18	97	45.80
河南	16.70	119	71.26
广东	17.98	86	47.78
广西	23.60	91	38.56
海南	3.40	20	58.82
重庆	8.23	35	42.53
四川	48.14	156	32.41
贵州	17.60	84	47.73
云南	38.33	125	32.61
西藏	122.80	39	3.18
陕西	20.56	99	48.15
甘肃	45.44	81	17.83
青海	72.23	50	6.92
宁夏	6.64	25	37.65
新疆（含兵团）	166.00	105	6.33

3.3　高空气象观测站

截至2017年12月，纳入全国业务运行考核的高空气象观测站为120个，平均站间距约为282.84 km，站点密度约为1.25个/10万 km²。布局如图3.3所示。

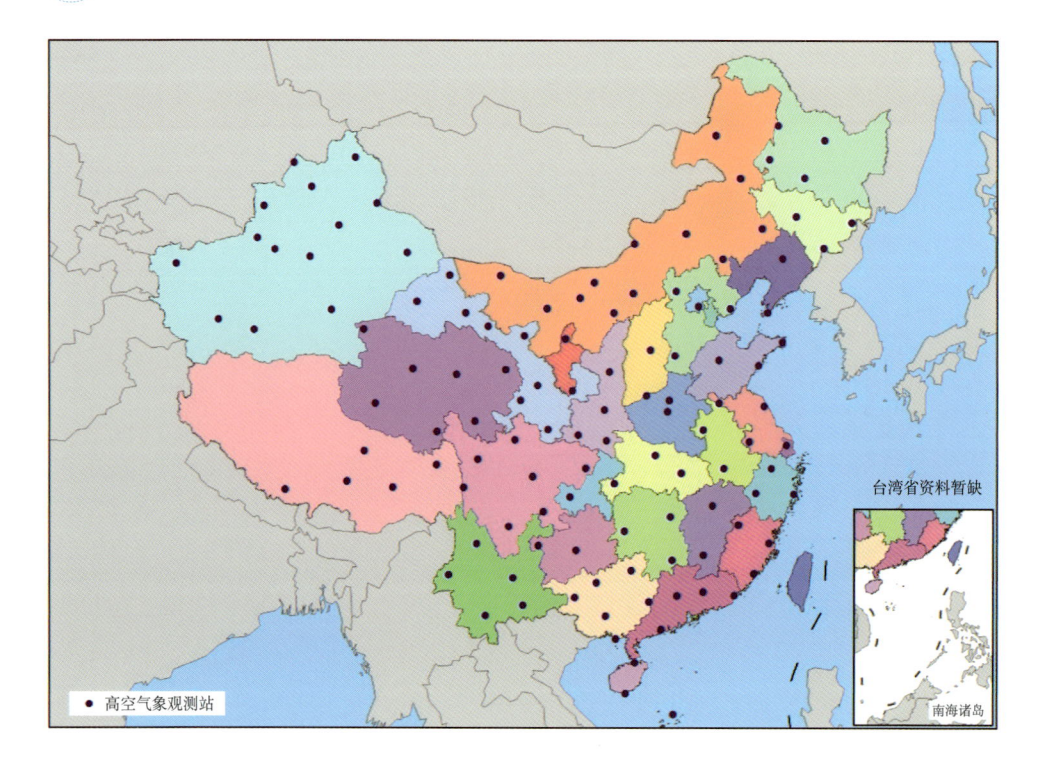

图 3.3　高空气象观测站点布局

全国各省（区、市）高空气象观测站面积、数量、密度如表 3.3 所示。

表 3.3　各省（区、市）高空气象观测站点统计

省份	面积（万 km^2）	站点数（个）	站点密度（个/10万 km^2）
北京	1.68	1	5.95
天津	1.13		
河北	18.77	3	1.60
山西	15.63	1	0.64
内蒙古	118.30	12	1.01
辽宁	14.59	2	1.37
吉林	18.74	3	1.60
黑龙江	45.48	4	0.88

续表

省份	面积（万km²）	站点数（个）	站点密度（个/10万km²）
上海	0.63	1	15.87
江苏	10.26	3	2.92
浙江	10.20	3	2.94
安徽	13.97	2	1.43
福建	12.13	3	2.47
江西	16.70	2	1.20
山东	15.38	3	1.95
河南	16.70	3	1.80
湖北	18.59	3	1.61
湖南	21.18	3	1.42
广东	17.98	4	2.22
广西	23.60	6	2.54
海南	3.40	3	8.82
重庆	8.23	1	1.22
四川	48.14	7	1.45
贵州	17.60	2	1.14
云南	38.33	5	1.30
西藏	122.80	5	0.41
陕西	20.56	4	1.95
甘肃	45.44	9	1.98
青海	72.23	7	0.97
宁夏	6.64	1	1.51
新疆（含兵团）	166.00	14	0.84

3.4 雷电监测站

截至 2017 年 12 月，纳入全国业务运行考核的雷电监测站为 399 个，平均站间距约为 155 km，站点密度约为 4.16 个 /10 万 km²。布局如图 3.4 所示。

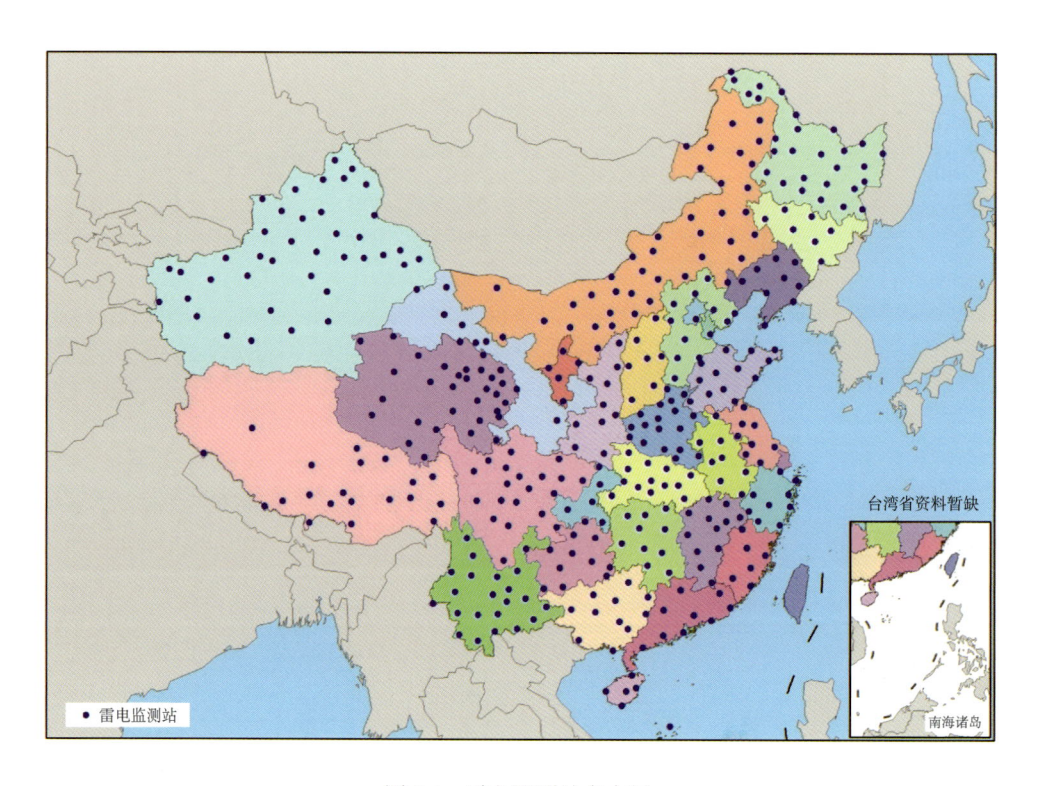

图 3.4　雷电监测站点布局

全国各省（区、市）雷电监测站面积、数量、密度如表 3.4 所示。

表 3.4　各省（区、市）雷电监测站点统计

省份	面积（万 km²）	站点数（个）	站点密度（个/10万 km²）
北京	1.68	1	5.95
天津	1.13	1	8.85
河北	18.77	11	5.86
山西	15.63	7	4.48

续表

省份	面积（万km²）	站点数（个）	站点密度（个/10万km²）
内蒙古	118.30	39	3.30
辽宁	14.59	9	6.17
吉林	18.74	7	3.74
黑龙江	45.48	29	6.38
上海	0.63		
江苏	10.26	9	8.77
浙江	10.20	9	8.82
安徽	13.97	7	5.01
福建	12.13	6	4.95
江西	16.70	12	7.19
山东	15.38	13	8.45
河南	16.70	17	10.18
湖北	18.59	13	6.99
湖南	21.18	10	4.72
广东	17.98	9	5.00
广西	23.60	11	4.66
海南	3.40	6	17.65
重庆	8.23	5	6.08
四川	48.14	19	3.95
贵州	17.60	12	6.82
云南	38.33	22	5.74
西藏	122.80	20	1.63
陕西	20.56	11	5.35
甘肃	45.44	6	1.32
青海	72.23	33	4.57
宁夏	6.64	5	7.53
新疆（含兵团）	166.00	40	2.41

3.5 区域气象观测站

截至 2017 年 12 月,纳入全国业务运行考核的区域气象观测站为 34872 个,站点密度约为 362.86 个 /10 万 km^2。布局如图 3.5 所示。

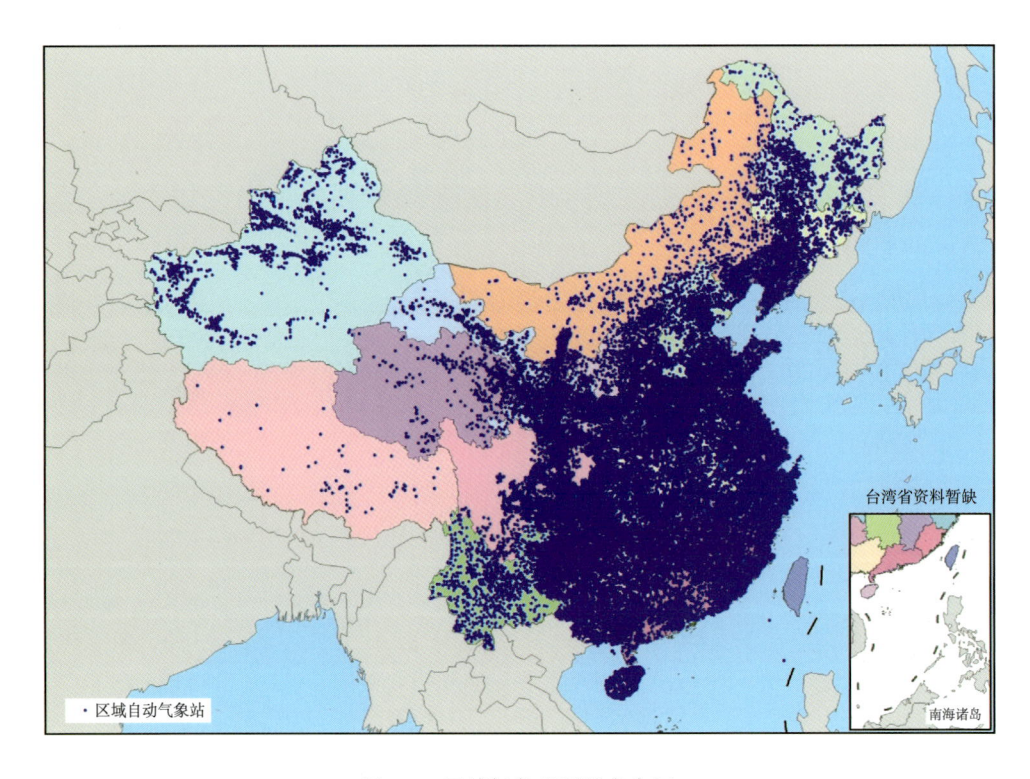

图 3.5 区域气象观测站点布局

全国各省(区、市)区域气象观测站面积、数量、密度如表 3.5 所示。

表 3.5 各省(区、市)区域气象观测站点统计

省份	面积(万 km^2)	站点数(个)	站点密度(个/10万 km^2)
北京	1.68	162	964.29
天津	1.13	245	2168.14
河北	18.77	678	361.21
山西	15.63	1330	850.93

续表

省份	面积（万km²）	站点数（个）	站点密度（个/10万km²）
内蒙古	118.30	534	45.14
辽宁	14.59	1051	720.36
吉林	18.74	678	361.79
黑龙江	45.48	809	177.88
上海	0.63	68	1079.37
江苏	10.26	1389	1353.80
浙江	10.20	1723	1689.22
安徽	13.97	983	703.65
福建	12.13	1044	860.68
江西	16.70	1776	1063.47
山东	15.38	1418	921.98
河南	16.70	1794	1074.25
湖北	18.59	1518	816.57
湖南	21.18	1835	866.38
广东	17.98	1257	698.33
广西	23.60	2174	921.19
海南	3.40	420	1235.29
重庆	8.23	1924	2337.79
四川	48.14	1747	362.90
贵州	17.60	1707	969.89
云南	38.33	836	218.11
西藏	122.80	63	5.13
陕西	20.56	1401	681.42
甘肃	45.44	1770	389.52
青海	72.23	482	66.73
宁夏	6.64	826	1243.98
新疆（含兵团）	166.00	1230	74.10

3.6　自动土壤水分观测站

截至 2017 年 12 月，纳入全国业务运行考核的自动土壤水分观测站为 2038 个，平均站间距约为 68.63 km，站点密度约为 21.23 个/10 万 km^2。布局如图 3.6 所示。

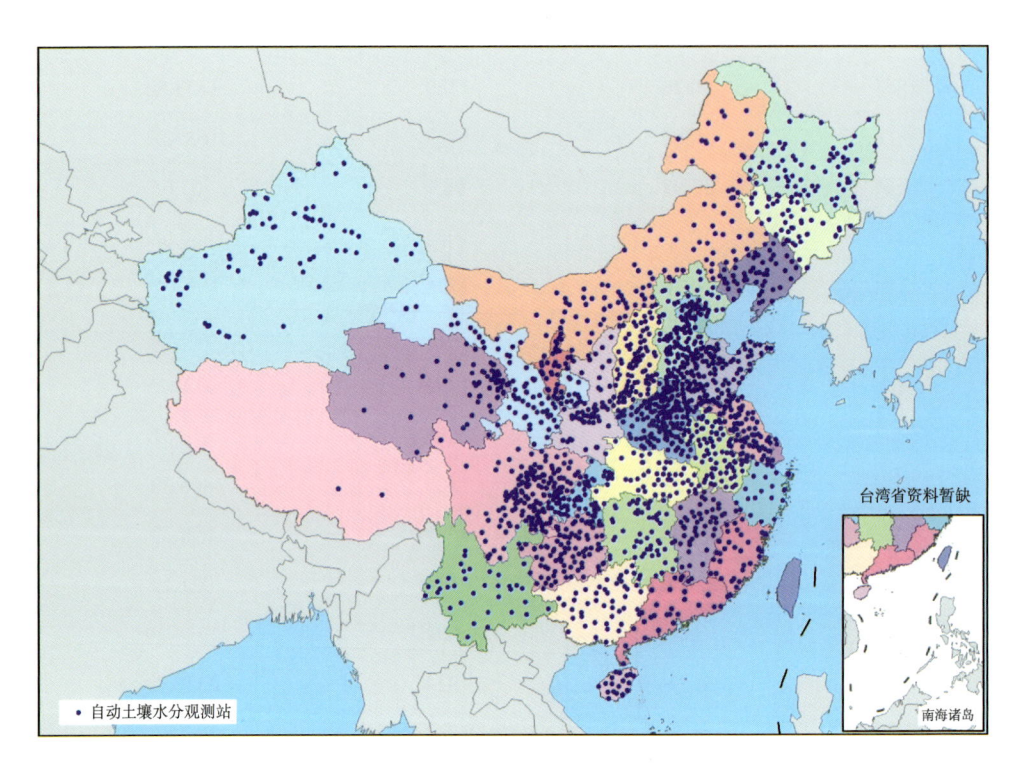

图 3.6　自动土壤水分观测站点布局

全国各省（区、市）自动土壤水分观测站面积、数量、密度如表 3.6 所示。

表 3.6　各省（区、市）自动土壤水分观测站点统计

省份	面积（万 km^2）	站点数（个）	站点密度（个/10 万 km^2）
北京	1.68	18	107.14
天津	1.13	10	88.50
河北	18.77	109	58.07

续表

省份	面积（万km²）	站点数（个）	站点密度（个/10万km²）
山西	15.63	89	56.94
内蒙古	118.30	132	11.16
辽宁	14.59	52	35.64
吉林	18.74	49	26.15
黑龙江	45.48	73	16.05
上海	0.63	1	15.87
江苏	10.26	86	83.82
浙江	10.20	22	21.57
安徽	13.97	85	60.84
福建	12.13	32	26.38
江西	16.70	50	29.94
山东	15.38	133	86.48
河南	16.70	190	113.77
湖北	18.59	46	24.74
湖南	21.18	57	26.91
广东	17.98	29	16.11
广西	23.60	46	19.49
海南	3.40	18	52.94
重庆	8.23	73	88.70
四川	48.14	165	34.28
贵州	17.60	86	48.86
云南	38.33	37	9.65
西藏	122.80	2	0.16
陕西	20.56	64	31.13
甘肃	45.44	81	17.83
青海	72.23	69	9.55
宁夏	6.64	37	55.72
新疆（含兵团）	166.00	97	5.84

4 雷达站址净空环境评估

4.1 概述

天气雷达资料必须具有代表性、准确性和连续性,这不仅取决于雷达硬件、观测方法和观测人员技术水平,更依赖于雷达所在的环境状况。因此,客观、定量地评价天气雷达站的探测环境状况及其代表性,对于了解观测数据的来源,进行观测数据的质量控制,提高气象预报预测服务水平,都具有重要的意义。

开展天气雷达站探测环境调查评估的目的在于:①建立科学的气象探测环境保护标准,为天气雷达站的选址、迁移和站网布局调整提供科学依据;②全面了解天气雷达站探测环境现状,积累探测环境基本资料,并对探测环境进行客观、定量评价,为天气雷达观测数据的质量控制提供基本依据;③建立天气雷达站探测环境动态管理档案,实现全国天气雷达站探测环境的实时跟踪和动态管理,以加强对天气雷达站探测环境的保护与管理。

该评估旨在对新一代天气雷达站址周边的地形遮挡情况进行评估分析,期望评分结果较为客观、完整地反映新一代天气雷达净空环境情况。评估分析中,基于统一的地形数据对站址遮挡情况进行评估,从而使评分结果具备台站之间的可比较性。

4.2 评估标准

参照《探测中心关于报送全国新一代天气雷达业务综合评估报告的函》（气探函〔2016〕133号）中新一代天气雷达站探测环境站址评分方法，进一步明确了净空环境的评估分析方法。

净空环境共有4个定量评估指标：在0.5°仰角下的总遮挡方位角G_1，在1.5°仰角下的总遮挡方位角G_2，在2.4°仰角下的总遮挡方位角G_3，雷达站主要天气来向的方位90°范围内的0.5°仰角下总遮挡方位角G_4。总分为100分，G_1、G_2、G_3、G_4的计分依次为60、20、10、10。如表4.1所示。

表4.1 净空环境评分表

项目	累计遮挡方位角ϕ	评分/检查标准	分值
G_1	雷达在$\theta=0.5°$仰角下的累计遮挡方位角ϕ_1	$\phi_1 \leq 5°$，$G_1=(360-\phi_1)/360 \times 60$； $5°<\phi_1 \leq 180°$，$G_1=(360-2\phi_1)/360 \times 60$； $\phi_1>180°$，$G_1=0$。	60
G_2	雷达在$\theta=1.5°$仰角下的累计遮挡方位角ϕ_2	$\phi_2 \leq 5°$，$G_2=(360-\phi_2)/360 \times 20$； $5°<\phi_2 \leq 180°$，$G_2=(360-2\phi_2)/360 \times 20$； $\phi_2>180°$，$G_2=0$。	20
G_3	雷达在$\theta=2.4°$仰角下的累计遮挡方位角ϕ_3	$\phi_3 \leq 5°$，$G_3=(360-\phi_3)/360 \times 10$； $5°<\phi_3 \leq 180°$，$G_3=(360-2\phi_3)/360 \times 10$； $\phi_3>180°$，$G_3=0$。	10
G_4	雷达站天气来向（方位90°范围内）的累计遮挡方位角ϕ_4	$G_4=(90-\phi_4)/90 \times 10$。	10

对于G_1、G_2、G_3三项评分，评估过程中考虑距离权重，权重分数为：<50 km，权重为50%；50～100 km，权重为30%；100～150 km，权重为15%；150～230 km，权重为5%。

4.3 基础数据

4.3.1 地形数据

本方法以 SRTM-90 高程数据作为计算评估的背景数据来源。

高程数据 SRTM 是美国国家航空与航天局（NASA）和国防部国家测绘局（NIMA）以及德国与意大利航天机构共同合作，由美国发射的"奋进"号航天飞机上搭载 SRTM 系统完成测绘，具有较高的权威性，作为世界通用高程数据集被广泛采用（http://srtm.csi.cgiar.org/、http://www.gscloud.cn/）。高程数据有 SRTM-30 和 SRTM-90 两种版本，经综合考虑后选用 SRTM-90 高程数据，其海拔高度数据误差在 ±16 m 之内。该 SRTM-90 数据已经包括全球海拔超过 0 m 的陆地所有海拔高度信息，在 10 年间进行多次修正并于 2006 年发布了完整版本，具有较高的可信度。

4.3.2 台站基础信息

新一代天气雷达基础信息来源于 ASOM2.0 系统的天气雷达站点基础数据。

4.4 评估分析方法

4.4.1 评分计算

天气雷达净空环境评分是对台站周围地势地物遮挡情况的综合评分，参与评分的天气雷达净空环境参数由方位遮挡角度和地物遮挡距离组成。

方位遮挡角度是指天气雷达在指定探测距离内的固定仰角情况下，360°方位角受到地物遮挡的角度和。

地物遮挡距离是指天气雷达在固定仰角下由雷达站出发到达遮挡物的直线距离。

利用两个评分参数，代入表 4.1（净空环境评分表）完成评分。

在固定仰角下的评分，如图 4.1 所示，对单仰角下地物遮挡距离进行划分，按照距离分段加权计算。若在固定仰角 0.5°（ϕ_1）情况下，距离 50 km 内累计方位遮挡角度和为 $\phi_{1\text{-}1}$，50 km 至 100 km 内累计方位遮挡角度和为 $\phi_{1\text{-}2}$，100 km 至 150 km 内累计方位遮挡角度和为 $\phi_{1\text{-}3}$，150 km 至 230 km 内累计方位遮挡角度和为 $\phi_{1\text{-}4}$。

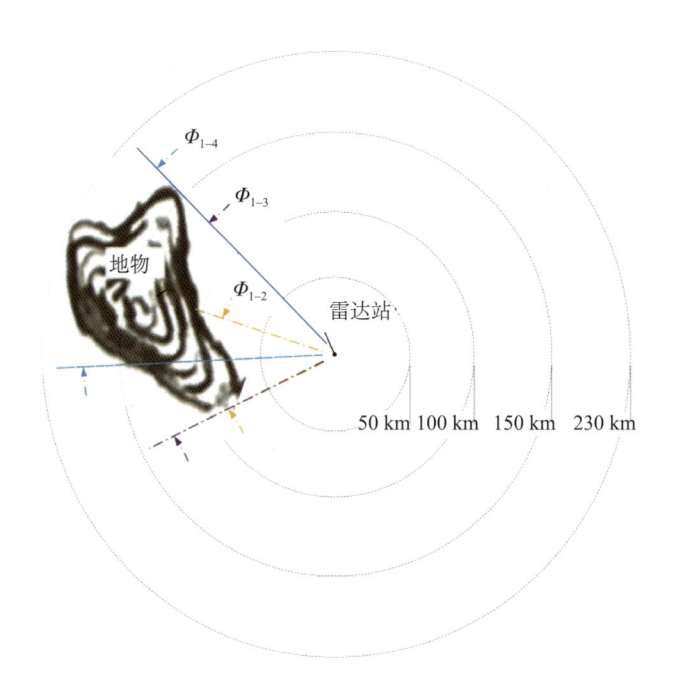

图 4.1　单仰角评分示意图

为此计算得到该仰角下的得分 P_i 为：

$$P_i = 50\% \cdot \phi_{1\text{-}1} + 35\% \cdot \phi_{1\text{-}2} + 10\% \cdot \phi_{1\text{-}3} + 5\% \cdot \phi_{1\text{-}4}$$

三层仰角下的合计得分 P_j 为：

$$P_j = 60\% \cdot P_1 + 20\% \cdot P_2 + 10\% \cdot P_3$$

式中，P_1、P_2、P_3 分别为 0.5°、1.5°、2.4° 仰角的得分。

加上天气来向评分合计为：

$$P = P_j + P_f$$

P 为台站净空环境评分总分，其分数考虑了遮挡的距离加权和遮挡角累计加权，较为客观地反映了雷达台站净空环境情况。其中在任何距离上超过 $180°$ 累计遮挡将视为严重遮挡，该区域的评分将为 0 分。

P_f 为台站天气过程来向受遮挡情况评估分数，得分由高到低为 10 到 0 分，需要经过台站实地勘察后给出分数，占总得分 P 的 10%。

4.4.2 净空环境数据获取

利用 SRTM 高程数据与台站坐标数据进行计算获得台站净空环境数据，计算获取台站在固定的三个仰角下的遮挡方位和地物遮挡距离。方位和数据的精度达到 $0.5°$，遮挡距离精度达到 90 m。计算流程如图 4.2 所示。

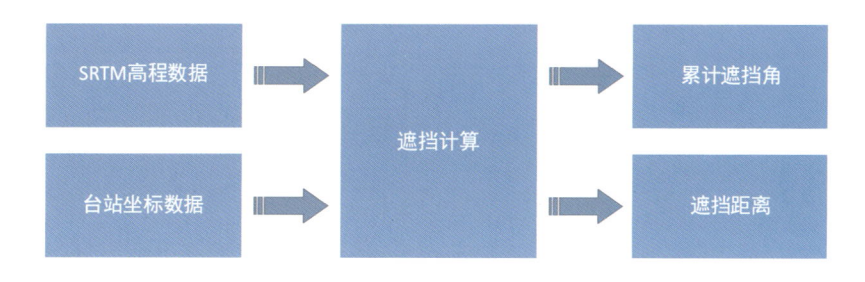

图 4.2 计算流程图

在计算中载入高程数据集，对台站附近的区域进行最大探测范围的选取，范围为 230 km；融合台站的经纬海拔信息获得遮挡角以及遮挡距离数据；计算过程中采用等效地球半径方法作为解决地球曲率和电磁波折射造成的影响，选取的等效地球半径为经验值 8500 km。

4.5 评估结果

4.5.1 结果分析

利用上述评估方法对全国 191 个天气雷达台站进行分析，结果表明：全国天气雷达净空环境平均得分为 55.89 分。其中满分 90 分的有 35 个台站，占比 18.32%；80 分（包含 80 分）至 90 分的台站有 35 个，占比 18.32%；全国平均分数以上台站有 104 个，全国平均分数以下的台站有 87 个，如表 4.2 所示。

表 4.2 全国雷达净空环境评分段情况

分数段	90	80～90	70～80	60～70	50～60	40～50	30～40	20～30	10～20	0～10	0
台站数	35	35	21	9	11	6	10	29	18	11	6
比例（%）	18.32	18.32	10.99	4.71	5.76	3.14	5.24	15.18	9.42	5.76	3.14

主要的分数集中区域集中在 70～90 区间和 20～30 区间，其主要原因在于 0.5° 低仰角下的遮挡若超过 180° 视为严重遮挡，0.5° 评分记为零分。

评分较高的站点主要分布于我国的东南沿海地区，这些地区由于地势相对平缓，雷达覆盖面积良好。而在我国的西藏、新疆、青海、四川西部高原等地区，主要分布有高山地形形成遮挡，低仰角 0.5° 受遮挡相当严重，雷达净空环境评分较低，也切实反映了我国地势地貌复杂的特点，对我国天气雷达站网建设造成了一定影响。

4.5.2 建筑物遮挡

在评估分析中仅考虑了地形因素，未加入近距离建筑物遮挡的测量数据，并不能完全反映新一代天气雷达周边的实际遮挡情况。可以采用经纬仪对站址周围的近距离净空情况进行测量记录，从而减小 SRTM 高程数据在近距离上存在的量化误差问题。

5 雷达电磁环境评估

5.1 电磁干扰统计分析

2017年全国组网运行的新一代天气雷达共191部，纳入业务考核的有181部，经过对2017年1月至10月雷达体扫基数据进行分析和坏图筛选，发现部分雷达存在或多或少、或轻或重的电磁干扰现象。如果以6 min一个体扫基数据为统计单位，一个体扫基数据若反射率或径向速度数据出现干扰计为1次，对《综合气象观测系统运行监控月报》总94期~总104期发布的新一代天气雷达数据质量中关于雷达电磁干扰的统计分析，主要存在同频电磁干扰和径向电磁干扰两种类型，电磁干扰频次较高(每月大于20次)的雷达有32部。干扰最严重的是西沙雷达，1—9月几乎每天都要受到非常严重的同频干扰，累计发生19031次，天气回波无法识别，但是10月份干扰消失，没有一次干扰发生；干扰第二严重的是安康雷达，从3月到10月连续7个月发生径向干扰共计3565次；第三严重的是湖州雷达，从2月开始到10月除3月外每月都有径向干扰，共发生2220次；第四是濮阳雷达，从4月到9月连续6个月产生径向干扰；合肥雷达从6月到10月连续5个月产生同频干扰；接下来依次是南京、通辽、舟山雷达受干扰4个月，杭州、烟台、汕尾雷达受干扰 3 个月，洛阳、连云港、湛江、台州、西安雷达受干扰 2 个月；最后是林芝、盐城、三门峡、秦皇岛、吉安、泰州、长沙、青岛、潍坊、常德、宝鸡、武汉、福州、辽源、桂林、海口 16 部雷达各 1 个月受到电磁干扰。

分析发现有如下特征：

（1）干扰相当严重，雷达运行的电磁环境恶化不容忽视。月干扰大于 20 次的雷达占业务考核雷达总数的 18%，如果算上 20 次以下的干扰，占比可达 40% 左右。

（2）汛期比非汛期受干扰的台站多，5—9 月受干扰台站均大于 10 个台站，8 月最多达 13 站。

（3）同频干扰有 5 站，其余 27 站为径向干扰。同频干扰有同频同步和同频异步干扰，几乎淹没了回波信号，对雷达回波影响非常大，无法识别。

（4）持续的电磁干扰占比较少，间断的电磁干扰较多，给发现和投诉清理干扰源造成了困难。

（5）特殊的地理环境和恶劣的电磁环境造成了西沙雷达严重的电磁干扰。

5.2　电磁干扰检测确认

当雷达回波信号中发现电磁干扰信号时，可采取以下措施进一步分析判断，予以确认：

（1）关掉雷达发射高压，用雷达 PPI 工作模式进行观测，在回波显示屏上可发现干扰信号的形状、强度，可大致分析判断干扰的性质和大致方位。

（2）关掉雷达发射高压，用频谱分析仪检测场放前回波信号输入端的接收信号，测量出干扰信号的频率、谱宽和强度，并可以判断出此干扰来自外界还是雷达内部。

（3）请权威的无线电管理委员会指派专门的检测机构进行测试，分析干扰信号源的性质和方位。

5.3　消除干扰的建议措施

电磁干扰一旦确认，建议采取如下措施：

（1）对于非法的或后建的无线电发射装置，报告当地无线电管理委员会，落实建站时的电磁环境保护承诺，请求予以查证和取缔。

（2）从硬件上予以消除，请雷达生产厂家安装带通滤波器或超导滤波器，消除带外干扰。

（3）从软件上予以消除，在雷达体扫控制程序中加入随机相位编码模式，对干扰信号进行识别并滤除。

（4）跳频解决，对雷达进行改造，改变频率综合器和速调管的频率到没有干扰的频点上予以规避。